Substance Painter 次世代 PBR材质制作

主　编　谢怀民　林　鑫　蔡　毅

北京理工大学出版社
BEIJING INSTITUTE OF TECHNOLOGY PRESS

内 容 简 介

Substance Painter 是一个 PBR 贴图制作软件，在这个软件中，可以非常便捷且快速地通过 PBR 材质的属性设置来制作符合现实模型材质规律的 PBR 材质贴图。本书具体介绍基于 Substance Painter/PS 制作次世代场景模型材质的实战案例，全书选取了生动的实例进行逐步演示和讲解。本书教学内容属于进阶型，需要有一定的三维建模基础知识、数字雕刻知识、贴图绘制知识的基础。本书包含 7 章，分别介绍了 Substance Painter 基础、高低模的制作与烘焙、PBR 贴图的作用分析、生物类 PBR 材质制作、金属类 PBR 材质制作、布料类 PBR 材质制作、复合型材质实战。

版权专有　侵权必究

图书在版编目（CIP）数据

Substance Painter 次世代 PBR 材质制作 / 谢怀民，林鑫，蔡毅主编． -- 北京：北京理工大学出版社，2021.10

ISBN 978-7-5682-9022-7

Ⅰ. ①S… Ⅱ. ①谢… ②林… ③蔡… Ⅲ. ①三维动画软件 Ⅳ. ①TP391.414

中国版本图书馆 CIP 数据核字（2020）第 170826 号

出版发行 / 北京理工大学出版社有限责任公司

社　　址 / 北京市海淀区中关村南大街 5 号

邮　　编 / 100081

电　　话 /（010）68914775（总编室）

　　　　　（010）82562903（教材售后服务热线）

　　　　　（010）68944723（其他图书服务热线）

网　　址 / http://www.bitpress.com.cn

经　　销 / 全国各地新华书店

印　　刷 / 雅迪云印（天津）科技有限公司

开　　本 / 889 毫米 × 1194 毫米　1/16

印　　张 / 9.5　　　　　　　　　　　　　　　　　　责任编辑 / 王玲玲

字　　数 / 328 千字　　　　　　　　　　　　　　　　文案编辑 / 王玲玲

版　　次 / 2021 年 10 月第 1 版　2021 年 10 月第 1 次印刷　责任校对 / 刘亚男

定　　价 / 96.00 元　　　　　　　　　　　　　　　　责任印制 / 施胜娟

图书出现印装质量问题，请拨打售后服务热线，本社负责调换

福建省 VR/AR 行业职业教育指导委员会

主　　任：俞　飚　　网龙网络公司高级副总裁、福州软件职业技术学院董事长
副 主 任：俞发仁　　福州软件职业技术学院常务副院长
秘 书 长：王秋宏　　福州软件职业技术学院副院长
副秘书长：陈嫒清　　福州软件职业技术学院鉴定站副站长
　　　　　林财华　　网龙普天教育副总经理
　　　　　欧阳周舟　网龙普天教育运营总监
委　　员：（排名不分先后）
　　　　　胡红玲　　福建第二轻工业学校
　　　　　张文峰　　北京理工大学出版社
　　　　　刘善清　　北京理工大学出版社
　　　　　倪　红　　福建船政交通职业学院
　　　　　陈常晖　　福建船政交通职业学院
　　　　　许　芹　　福建第二轻工业学校
　　　　　刘天星　　福建工贸学校
　　　　　胡晓云　　福建工业学校
　　　　　黄　河　　福建工业学校
　　　　　陈晓峰　　福建经济学校
　　　　　戴健斌　　福建经济学校
　　　　　吴国立　　福建理工学校
　　　　　李肇峰　　福建林业职业学院
　　　　　蔡尊煌　　福建林业职业学院
　　　　　杨自绍　　福建林业职业学院
　　　　　刘必健　　福建农业职业技术学院
　　　　　鲍永芳　　福建省动漫游戏行业协会秘书长
　　　　　刘贵德　　福建省晋江职业中专学校
　　　　　沈庆焉　　福建省罗源县高级职业中学
　　　　　杨俊明　　福建省莆田职业技术学校
　　　　　陈智敏　　福建省莆田职业技术学校
　　　　　杨萍萍　　福建省软件行业协会秘书长
　　　　　张平优　　福建省三明职业中专学校
　　　　　朱旭彤　　福建省三明职业中专学校
　　　　　蔡　毅　　福建省网龙普天教育科技有限公司
　　　　　陈　健　　福建省网龙普天教育科技有限公司
　　　　　郑志勇　　福建水利电力职业技术学院
　　　　　李　锦　　福建铁路机电学校
　　　　　刘向晖　　福建信息职业技术学院
　　　　　林道贵　　福建信息职业技术学院
　　　　　刘建炜　　福建幼儿师范高等专科学校
　　　　　李　芳　　福州机电工程职业技术学校
　　　　　杨　松　　福州旅游职业中专学校
　　　　　胡长生　　福州软件职业技术学院
　　　　　陈垚鑫　　福州软件职业技术学院
　　　　　方张龙　　福州商贸职业中专学校
　　　　　蔡洪亮　　福州商贸职业中专学校
　　　　　林文强　　福州商贸职业中专学校
　　　　　郑元芳　　福州商贸职业中专学校
　　　　　吴梨梨　　福州英华职业学院

饶绪黎	福州职业技术学院
江　荔	福州职业技术学院
刘　薇	福州职业技术学院
孙小丹	福州职业技术学院
王　超	集美工业学校
张剑华	集美工业学校
江　涛	建瓯职业中专学校
吴德生	晋江安海职业中专学校
叶子良	晋江华侨职业中专学校
黄炳忠	晋江市晋兴职业中专学校
许　睿	晋江市晋兴职业中专学校
庄碧蓉	黎明职业大学
陈　磊	黎明职业大学
骆方舟	黎明职业大学
张清忠	黎明职业大学
吴云轩	黎明职业大学
范瑜艳	罗源县高级职业中学
谢金达	湄洲湾职业技术学院
李瑞兴	闽江师范高等专科学校
陈淑玲	闽西职业技术学院
胡海锋	闽西职业技术学院
黄斯钦	南安工业学校
陈开宠	南安职业中专学校
鄢勇坚	南平机电职业学校
余　翔	南平市农业学校
苏　锋	宁德职业技术学院
林世平	宁德职业技术学院
蔡建华	莆田华侨职业中专学校
魏美香	泉州纺织服装职业学院
林振忠	泉州工艺美术职业学院
程艳艳	泉州经贸学院
庄刚波	泉州轻工职业学院
李晋源	泉州市泉中职业中专学校
卢照雄	三明市农业学校
练永华	三明医学科技职业学院
曲阜贵	厦门布塔信息技术股份有限公司艺术总监
吴承佳	厦门城市职业学院
黄　臻	厦门城市职业学院
张文胜	厦门工商旅游学校
连元宏	厦门软件学院
黄梅香	厦门信息学校
刘　斯	厦门信息学校
张宝胜	厦门兴才职业技术学院
李敏勇	厦门兴才职业技术学院
黄宜鑫	上杭职业中专学校
黄乘风	神舟数码（中国）有限公司福州分公司总监
曾清强	石狮鹏山工贸学校
杜振乐	石狮鹏山工贸学校
孙玉珍	漳州城市职业学院
蔡少伟	漳州第二职业中专学校
余佩芳	漳州第一职业中专学校
伍乐生	漳州职业技术学院
谢木进	周宁职业中专学校

编 委 会

主　任：俞发仁

副主任：林土水　李榕玲　蔡　毅

委　员：李宏达　刘必健　丁长峰　李瑞兴　练永华
　　　　　江　荔　刘健炜　吴云轩　林振忠　蔡尊煌
　　　　　黄　臻　郑东生　李展宗　谢金达　苏　峰
　　　　　徐　颖　吴建美　陈　健　马晓燕　田明月
　　　　　陈　榆　曹　纯　黄　炜　李燕城　张师强
　　　　　叶昕之

Preface

Substance Painter次世代PBR材质制作

前 言

随着硬件发展与设备升级的强势势头,未来对3D及VR的需求会越来越强烈,硬件平台的诞生预示着需要大量的应用来支持其发展。VR美术资源的应用领域很多,比如影视、游戏、地产体验、室内装潢、教育培训、医疗、军事等,此外,在房产方面也有应用,戴上眼镜走在房间里,看着房间的一切犹如真实的一般,并且可以进行虚拟装修。

次世代模型的最大特点就是真实感。次世代中静态模型大部分是关于场景类型的物体,比如场景中的道具或者物件,也可能是车辆,或者武器,这些物体在场景中都有一个共同的特征——它们的表面是坚硬的,坚硬的表面是次世代场景需要表达的关键点。柔软的物体在表达方式上和坚硬物体并不一样,通常可以使用数字雕刻的方式或者物理表现的方式来制作,并且次世代最重要的特点是其表现非常真实、细腻、精致。

次世代的贴图需要通过材质球结合起来使用和表现。材质球首先决定了模型能够表达出哪几种属性特征,再根据贴图的不同作用,放入材质球对应的通道中,一旦进入通道,贴图就会在材质球上发挥出自己的作用,使材质球呈现出用户想要控制或者看到的效果。也可以根据材质球的参数属性,结合贴图来表达不同的效果。

本书教学内容属于进阶型,需要有一定的三维建模基础知识、数字雕刻知识、贴图绘制知识的基础。例如已经掌握了3ds Max、ZBrush、Photoshop等软件知识。

本书将完全从实战角度出发,从案例的制作过程中分析案例的步骤及案例所需要的参数,并在制作的过程中讲解每个功能的原理,让读者在实践中记忆各类知识点。在教材的初期阶段,会介绍

PBR材质与软件的基础操作。其中也包含了高模与低模的相互关系，以及烘焙的原理和作用。

本书将使用案例来介绍金属类材质、生物类材质、布料类材质和复合型材质的制作。

本书涉及的案例包括男性脸部、女性脸部，人物所穿的布料盔甲，维多利亚风格的华丽服饰，金属类型的战斗匕首、扳手等。每一个案例的材质贴图制作流程都被完整地记录在本书中。

在完成了案例的学习之后，学习者将能够独立地通过所学知识制作其他相关类型的材质，并且从中了解到次世代模型的特点，以及高模低模贴图和三维引擎之间的关系。

Contents
Substance Painter次世代PBR材质制作

目 录

第1章 Substance Painter 基础
- ※ 1.1　Substance Painter 基础操作　/ 002
- ※ 1.2　Substance Painter 材质属性与聪明材质　/ 005
- ※ 1.3　ID 贴图的作用和制作　/ 007
  - 1.3.1　材质的级别添加与图层操作　/ 012
  - 1.3.2　图层的关系与图层叠加　/ 012
  - 1.3.3　遮罩的原理和属性　/ 014

第2章 高低模的制作与烘焙
- ※ 2.1　低模的用途和制作要求　/ 018
- ※ 2.2　高模的用途和制作要求　/ 019
- ※ 2.3　烘焙前准备　/ 023
- ※ 2.4　使用引擎进行烘焙　/ 023

第3章 PBR 贴图的作用分析
- ※ 3.1　Marmoset Toolbag 材质属性球　/ 030
- ※ 3.2　贴图的作用和材质球的关系　/ 030

第4章 生物类 PBR 材质制作
- ※ 4.1　皮肤材质的分析与使用　/ 034
- ※ 4.2　如何深入制作皮肤的变化　/ 044
- ※ 4.3　笔刷与遮罩结合使用　/ 051

第5章 金属类 PBR 材质制作
- ※ 5.1　金属基础材质的塑造　/ 064
- ※ 5.2　金属特征的变化与添加　/ 072

※ 5.3 细节旧化的处理 /074
※ 5.4 带有说服力的艺术细化 /075

第 6 章　布料类 PBR 材质制作

※ 6.1 特殊 Alpha 贴图的制作 /080
※ 6.2 多种材质的交互塑造 /086
※ 6.3 材质与材质之间的关系 /092
※ 6.4 半透明与通道的关系 /095

第 7 章　复合型材质实战

※ 制作属于自己的材质球 /104

第1章
Substance Painter 基础

Substance Painter 次世代PBR材质制作

PBR（Physically Based Rendering），即基于物理的渲染，是一套尝试基于真实世界光照物理模型的渲染技术合集，使用了一种更符合物理学规律的方式来模拟光线，达到更真实的渲染效果，并且可以直接通过物理参数来直观地达到想要的结果，不用通过各种参数调整。物理参数一般直接通过贴图传递给着色器。

笼统地说，这是一种基于物理规律模拟的渲染技术，最早用于电影的照片级真实的渲染。近几年由于硬件性能的不断提高，已经大量运用于PC游戏与主机游戏的实时渲染。

Substance Painter Allegorithmic 公司的一套PBR贴图制作软件，可以非常便捷且快速地通过PBR材质的特性设置来制作符合现实模型材质规律的PBR材质贴图。本章将具体介绍使用Substance Painter制作次时代场景模型材质的实战案例。

打开图1.1所示的"消防栓"项目文件，了解"PBR材质"的案例效果。

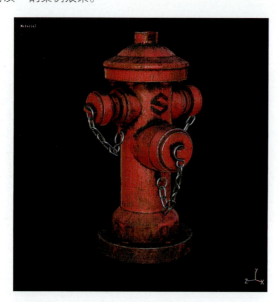

图1.1　最终效果图

①如图1.2所示，可以看到在消防栓的表面处，材质体现的内容除了消防栓烤漆的颜色、光泽度之外，还体现了更多现实中物体表面存在的凹凸细节。

图1.2　表面凹凸

②如图1.3所示，无论是模型表面体现的凹进去的部分还是凸出的部分，都有一定的尘埃、污渍覆盖的粗糙感，也就是在光泽度上有所区分。

图1.3　转角细节

③将视线调转到模型的转角接缝处，可以看到边缘部分，模型的油漆质感被金属的光泽度所替代，这模拟了现实中物体的磨损效果；而接缝处则是被更多的油污、锈渍所遮盖。

PBR材质的实质就是一种基于物理规律模拟的渲染技术。它按照现实物体对光的折射、反射规律，使用引擎计算相应的材质表现方式，从而模拟真实材质的效果。

※ 1.1　Substance Painter 基础操作

以图1.4为例，学习Substance Painter引擎界面的各部分窗口的使用方式及作用，通过添加图层来修改材质效果。Substance Painter中图层的运作方式与Photoshop的类似，上方的图层将会覆盖下方的图层效果。

图1.4　材质修改

Substance Painter引擎主要由以下几个窗口组成：预览窗口、材料架窗口、工具栏、图层窗口、属性窗口、环境设置窗口等。

第1章　Substance Painter基础

打开配套光盘提供的文件"材质球.max",这是一个已经设置好贴图的案例文件。下面以它为例讲解Substance Painter引擎界面知识及基本操作。

1. 预览窗

其主要作用是显示模型贴图的绘制渲染效果。

可单击工具栏上方的 按钮,在弹出的新窗口中选择相应的按钮来切换视图显示模式。

快捷键F1/F2/F3:切换窗口的2D/3D显示模式,如图1.5所示。

3D/2D显示

3D显示

2D显示

图1.5　预览窗模式

可使用键盘及鼠标按键对视图进行角度切换,具体内容如下。

Alt + 鼠标左键:旋转窗口。
Alt + 鼠标右键:缩放窗口。
Alt + 鼠标中键:平移窗口。
Shift + 鼠标右键:旋转场景灯光。

2. 材质架窗口（shelf）

其主要包含了制作贴图所需用到的工具,界面左侧是材料架的各部分工具选项,界面右侧是各个子菜单的全部工具内容,如图1.6所示。

图1.7　预览效果

图1.6　材质架窗口

在工具选项栏中,选中"Smart materials"（智能材质）,然后在右侧内容窗口中选择"Fabric WOODLAND"材质,将其拖动到"Layers"图层窗的默认图层上方。观察预览窗口中的显示效果,如图1.7所示。

若在选择材质或笔刷时内容过多,不方便查找,可以单击材质架窗口的上方"Search"按钮 ,输入关键字进行查找。

3. 图层窗口（layers）

与Photoshop中的图层类似,可以修改各个图层的属性及它们的关联关系,以改变模型材质的渲染效果。在这个窗口中,用来修改材质效果的功能有遮罩、滤镜等。如图1.8和图1.9所示。

图1.8　图层

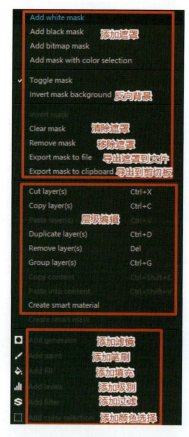

图1.9　编辑菜单

图1.11　对象列表窗口

5. 其他窗口

对象列表窗口（TextureSet List）：用于管理模型的贴图 Shader 及不同材质间的隐藏关系。根据模型在 3D 软件中的材质球设置来区分模型。

纹理设置窗口（TextureSet Settings）：用于模型基础贴图（包含有法线、空间法线、ID、AO、边线贴图等）设置，引擎所有的材质运算都是基于这套贴图开始的。如图1.12所示。

显示设置窗口（Display Settings）：用于控制预览窗口中对模型显示的调整，包含摄像机设置、特效设置及镜头滤镜等设置。

场景设置窗口（Viewer Settings）：用于设置场景背景效果及 Shader 参数。

在观察窗口时，将鼠标放置在各个窗口顶部拖曳，即可自由调整界面窗口位置。

在图层中，通过单击 ▢，打开文件夹，预览完整图层；通过鼠标拖曳，可移动图层；单击 ●，隐藏或显示右侧图层/文件夹；右击，可以打开图层编辑菜单。

4. 属性窗口（properties）

属性窗口显示图层的属性并提供编辑。单击图层窗口中的各个图层，分别查看属性窗口中它们各自的图层内容，如图1.10和图1.11所示。

图1.10　图层属性

图1.12　设置窗口

第1章 Substance Painter基础

图1.12 设置窗口（续）

※ 1.2 Substance Painter 材质属性与聪明材质

修改材质架上黄铜材质的材质属性，如图1.13所示。通过本例的学习，了解聪明材质的运用。

聪明材质是由多个材质效果叠加而成的一个复合材质体。在Substance Painter中可以自由创作聪明材质并保存到材料架。

比较材质与聪明材质的图层差异，了解两者之间的关联。从图层页面可以看到，材质仅有一个图层，用于控制材质的固有色、金属度、光滑度等效果；而聪明材质是多个材质及文件夹的集合，是一个有完整表现的材质。

打开配套光盘提供的"材质球.max"文件。场景中已有案例模型，并且预设了一个黄铜材质，在"Shelf"材质架窗口选择材质或者聪明材质，并拖到"Layers"图层窗口，观察其图层属性与显示效果。

图1.13 修改材质属性

1. 重置界面

单击菜单栏中的"View"，在弹出的菜单栏中选择"Reset UI"，重置UI界面。

2. 清空图层

在"Layers"界面中，可以看到场景默认自带了一个"Layer 1"空白图层和"Bronze Armor"黄铜材质。选中"Bronze Armor"图层文件夹，右击，选择"Remove Layer"或者按下键盘上的Delete键删除该图层，如图1.14所示。

Substance Painter
次世代PBR材质制作

图1.14 删除图层

3. 添加材质

在"Shelf"材质架窗口中,选择左侧列表中的"Materials"标签,在右侧窗口中找到玫瑰金材质"Copper Pure",将其拖曳到"Layers"图层窗口默认图层上方,如图1.15所示。

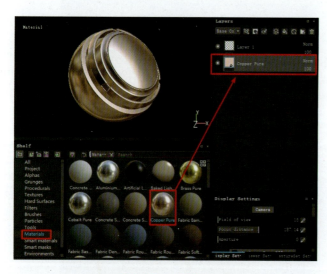

图1.15 材质设置

4. 观察材质属性

在"Layers"图层窗口中单击此图层,在图层视图中可以观察到这是一个Fill Layer 填充层 ,并且混合模式为Normal普通模式,显示比例为100%显示。

在材质属性中可以看到,模型材质的主要控制内容都集中在这里,并且每个图层可以在五个基本属性中选择其控制的数量与值。

在PBR材质中,主要把模型材质的数据分析为固有色、金属度、粗糙度这几个基本物理属性。固有色控制材质的基础颜色,金属度控制材质对于场景光的漫反射与反射比例,而粗糙度控制材质对反射光线的散射比。如图1.16所示。

图1.16 材质属性

通俗地讲,一个材质的金属度越高,那么在光线照射其表面时,反射率应该更高,当然,这也是金属的特性之一。

粗糙度越高,则材质表面对光线的散射程度越高。

光在材质表面的反射、漫反射的值永远恒定小于入射值。

漫反射光线(材质吸收+散射)+反射光线=入射光线

5. 观察聪明材质属性

删除"Copper Pure"材质层,在"Shelf"材质架窗口中选择左侧的"Smart Materials"(聪明材质)标签,选择"Copper"(黄铜)材质,并拖入"Layers"图层视图,如图1.17所示。

在图层视图中可以观察到,黄铜材质是由多个文件夹、图层及图层上的多种特效复合而成的材质。它能表现更多材质细节,例如细节纹理、凹凸、污渍等。

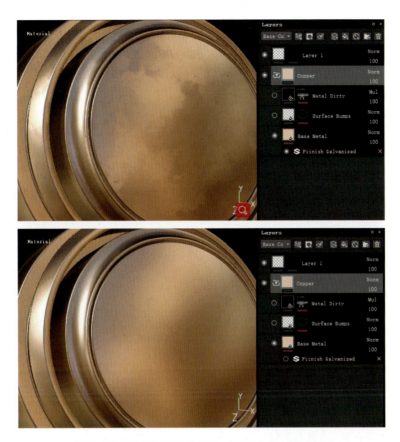

图 1.17　将"Copper"拖入"Layers"图层视图

关闭列表中所有的图层显示，从下至上依次开启图层显示，以观察各个图层的效果。

在聪明材质图层设置中，通常是由底图控制材质基本颜色，进而上一图层添加部分表面的凹凸纹理，再往上的图层渐渐控制各部分细节例如脏渍、锈迹、磨损等效果。在多个图层的相互混合叠加下，组合而成一个完整的材质。

※ 1.3　ID 贴图的作用和制作

由于在使用 Substance Painter 引擎制作模型贴图时，不同材质类型的贴图需要使用不同的方式，因此引擎提供了一个贴图通道用于区分不同材质间的模型关系，故需要学习制作 ID 贴图，以便后续的 PBR 材质渲染。

制作如图 1.18 所示的 ID 贴图，熟悉并掌握 ID 贴图的制作方法与作用。

引擎对于模型材质的区分条件是 ID 贴图投影在模型 UV 的色块区域，如图 1.19 所示，所以，在制作贴图时，要十分注意 ID 贴图上是否有额外的非目标色块。

ID 贴图的制作主要有三个步骤：划分 UV 贴图的有效区；把模型的同材质部分的 UV 修改成不同颜色；导出贴图。

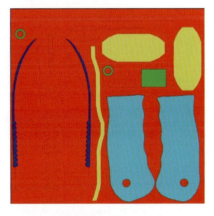

图 1.18　ID 贴图

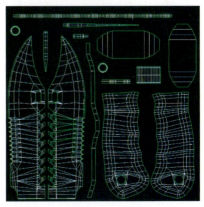

图 1.19　UV 案例

Substance Painter
次世代PBR材质制作

使用 Photoshop 打开配套光盘提供的文件 "jundao_UV.png"，这是案例模型制作好的 UV 贴图。下面将以它为例来制作 ID 贴图。

选择图层中的 UV 图层。为了查看方便，将其图层名字修改为"UV"，将底色图层名字修改为"底色"。

1. 划分贴图有效区

①单击 Photoshop 的图层界面下方的"新建图层"按钮，新建一个图层，并且打开调色板，选择一种深灰色，选中新图层并且拖曳到图层最下方，按住 Alt + Backspace 组合键填充底色，如图 1.20 所示。

②单击 Photoshop 界面左侧工具栏中的"魔术棒"按钮，或者按下键盘快捷键 W，在 UV 图层中单击空白的地方，选中空白区域。若 UV 有被隔离的空白小区域，可按住 Shift 键，再单击小区域加选。

确保选中所有空白处后，右击，弹出快捷菜单，单击"选择反向"进行反向选取。单击工具栏中的"选择"→"修改"→"扩大选区"，将扩展量设置为 4 像素，单击"确定"按钮，如图 1.21 所示。

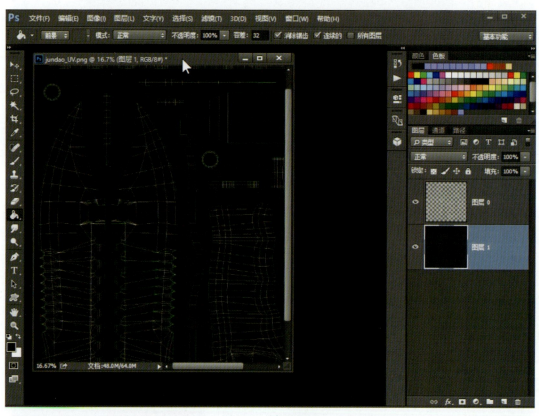

图 1.20 填充底色

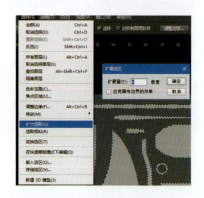

图 1.21 扩充区域

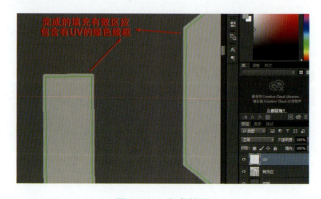

图 1.22 完成效果

扩充好选区后，新建图层，选择一种与底色有明显区分度的颜色，填充进选择的贴图有效区，如图 1.22 所示。

2. 制作 ID 贴图

①在有效区图层上选中所有模型刀刃的 UV 部分，在调色板中选择一种较为鲜艳的颜色，例如橙红色。按

Alt + Backspace 组合键填充颜色。这样刀刃部分的 ID 贴图就制作完毕了，如图 1.23 所示。

图 1.23　刀刃部分 ID 贴图

②挡板、金属环与军刀握把部分的 ID 贴图制作流程与上一步类似，分别为其添加黄色、绿色、蓝色或其他高对比度颜色即可，如图 1.24 所示。

图 1.24　四部分 ID 贴图效果

③还需要为军刀的刀刃开刃部分添加一个 ID 选区，这将会是一个较为烦琐的步骤，因为刀刃开刃部分 UV 是刀刃 UV 的一部分，是无法直接用魔术棒工具选取的，因此只能使用多边形套索工具手动选取该区域，如图 1.25 和图 1.26 所示。

在左侧工具栏中选择第三个套索，右击，切换至多边形套索工具。

放大图层，在刀刃左侧的锯齿状 UV 部分中，使用多边形套索工具沿着 UV 网格选取开刃部分 UV。

④待选取好左侧所有开刃部分 UV 后，新建图层，选取颜色并且填充该区域。由于刀刃开刃部分（图 1.27 中

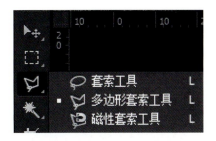

图 1.25　多边形套索工具

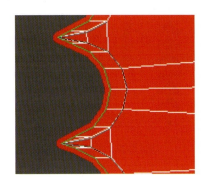

图 1.26　手动选取示例

的深蓝色）与刀刃部分（图 1.27 中的红色）有重叠，因此需要确认图层中刀刃开刃图层在刀刃图层的上方。这样在显示画面时，蓝色 ID 才不会被红色 ID 遮盖。

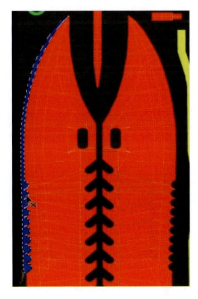

图 1.27　刀刃开刃

由于 UV 部分有左、右两个刀刃部分 UV，并且垂直镜像分布，因此该开刃部分内容可以直接复制到右侧。

选中开刃 ID 图层，按下 Ctrl + Alt 组合键，移动鼠标复制图层区域。按 Ctrl + T 组合键，将该区域变更为自由变换区域。右击，在快捷菜单栏中选择"水平翻转"，按 Enter 键确认更改，如图 1.28 所示。

将图层移动到右侧刀刃开刃部分，对准 UV 线框即可，如图 1.29 所示。

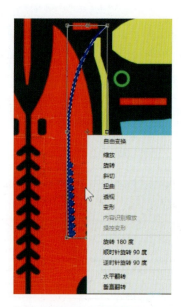

图 1.28 变换选区

图 1.29 刀刃完成效果

3. 导出贴图

①在导出贴图之前,需要确认好 ID 贴图的设置。在制作 ID 贴图过程中,需注意:

- 各 ID 色块应明确大于 UV 区域至少 4 像素,否则,在制作贴图时会有接缝。ID 各部分颜色应该有明显区分边界,不能有模糊过渡色,如图 1.30 所示。

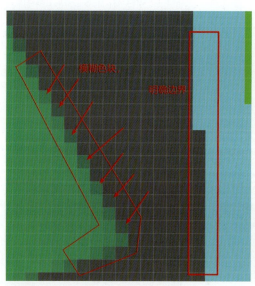

图 1.30 注意事项

- 在导出贴图前,应该关闭 UV 线框的显示。

②将图层中的 UV 图层隐藏,然后保存图片即可,图片格式无要求,JPG 或 PSD 皆可。如图 1.31 所示。

4. 模型和贴图的导入与创建

调整好所需要的模型参数,然后导入 Substance Painter 中,并把相应的贴图放到合适的位置。

在进行模型和贴图的导入之前,要检查是否准备好了所有的文件。

先打开低模文件,打开后,如果模型的光滑度和各个表面过渡均匀,说明模型显示是正常的。再来看看模型的具体位置。

如图 1.32 所示,模型的中心点不应该出现在这个位置,应该将中心点调整好,如图 1.33 所示,这样在三维软件旋转时才会正常。

单击层级,选择仅"影响轴",单击"居中到对象",并且移动它的中心点。一般来说,会将物体的轴心放在

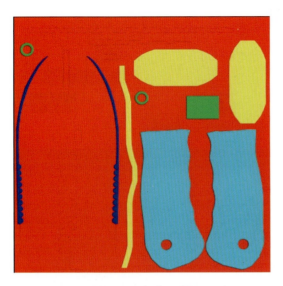

图 1.31　完成 ID 图

图 1.32　错误的中心点演示

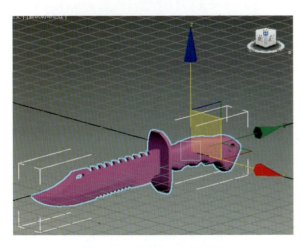

图 1.33　正确的中心点演示

重心的位置或者使用的位置。然后再让它恢复到场景中，将它的位置参数归零。在正视图中，再将刀刃朝向正前方，对它进行旋转。

接着对它的名字进行修改，将它命名为"jundao"。除了模型的名字外，材质球的名字也需要修改，按下 M 键，弹出材质球菜单，为模型添加一个材质球，并且将材质球同样命名为"jundao"。这一点非常关键，因为在 Substance Painter 中，是通过材质球来判断模型的级别的，它无视模型本身的结构，只认材质球。调整好之后，将模型另存，同时将模型导出。在这里新建一个文件夹，用来存放文件。然后将模型导出为 FBX 或者 OBJ 格式。先导出 OBJ 格式，导出时要注意选择导出材质。

在进入 Substance Painter 制作材质之前，至少需要三个文件，分别是基础的低模模型 obj 文件、法线 normal 贴图文件和 ID 贴图文件，如图 1.34 所示。

图 1.34　OBJ、ID 贴图、法线贴图

打开软件，单击"New project"，新建一个文件。然后单击"Select"按钮，找到文件夹并选中刚刚导出的模型。接下来导入一些相关的贴图。单击"Add"按钮，添加贴图，单击"OK"按钮，如图 1.35 所示。

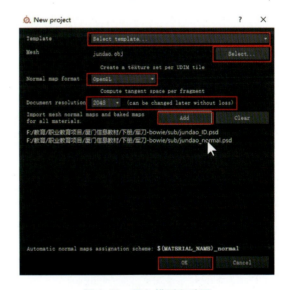

图 1.35　导入模型和贴图

底部菜单 TextureSet Settings 中，有之前设置的法线贴图、ID 贴图等。继续添加其他贴图，单击 Select normal map 添加法线贴图。

然后烘焙其他贴图。单击 Bake textures ，打开菜单，将贴图大小设置成 2 048，并选择将要烘焙的内容，如图 1.36 所示。

单击 Bake jundao textures ，烘焙出需要的贴图，添加到相应的通道中。

继续重复以上操作拾取 ID。然后再添加一个材质，拾取 ID 到刀柄环套的部分。

单击塑料颜色图层，选择 Color paint，调整到合适的颜色，并下降它的光滑度，这样就完成了一个基础材质的设置，如图 1.38 所示。

图 1.36　选择需要烘焙的内容

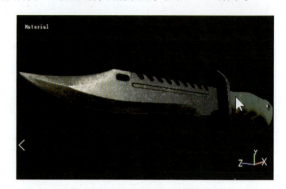

图 1.38　基础材质完成

1.3.1　材质的级别添加与图层操作

给模型添加基础的材质并灵活运用图层等操作。

现在来为模型添加材质。先从智能材质 Smart materials 入手，给刀刃添加材质。建议使用银甲，选中这个材质，将它拖动到材质图层中，通过系统的计算，可以获得这个材质的一个效果。可以用 Shift + 右键观察一下。握把部分是塑料的材质，可以从下边材质中选一个合适的材质进行添加，选择，拖动到图层中。然后在这个图层中单击右键，单击 Add mask with color selection，在图层右边多了一个黑色遮罩，选择 Color selection，在右边菜单进行编辑，单击 Pick color 拾取颜色。如图 1.37 所示。

图 1.37　刀柄材质

然后单击 Silver Armor，展开它的文件夹，找到最底部的基础颜色 Base，单击 Base color uniform color，让它的基础颜色变暗，可以稍微偏蓝一点，让它看起来偏冷一点。然后收起来，继续添加一个材质，把它放在暗色金属的图层之上，希望让它只显示在刀刃部分。

1.3.2　图层的关系与图层叠加

对"jundao"模型的材质进行调整和细化。

上一节中添加了许多材质，对其进行命名，以便更好地进行操作，如图 1.39 所示。

图 1.39　进行命名

接下来对"daoren"文件夹进行编辑。给 Edges 添加一个填充图层，先控制它的颜色，把它变为白灰色，然后调整到需要的样子，如图 1.40 所示。

图 1.40　材质调整

选择智能遮罩![icon]，让它显示在该有的部分，按 Alt 键并用鼠标左键单击来查看它显示出来的效果，如图 1.41 所示。如果要切换回去，直接单击它的图层就可以了。

此时发现它的亮度太强了，返回来调整它的亮度，让其亚光一点，这样更符合想要的军刀的效果，如图 1.42 所示。

图 1.42 调整亮度

返回![icon]遮罩，并对它进行调整，如图 1.43 和图 1.44 所示。

图 1.41 黑色遮罩

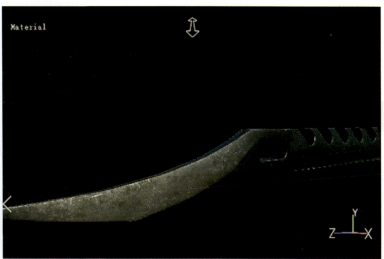

图 1.43 调整遮罩（1）

图 1.44 调整遮罩（2）

图 1.45 完成粗糙度设置

接下来对"daofeng"文件夹图层进行调整。

在握把处，在基础颜色上添加一个填充图层，把"color"关闭并添加遮罩，右键单击遮罩，添加一个填充![Add fill]。单击遮罩修改器，选择![grayscale]，找一张合适的遮罩图片，可以选择一张粗糙的图片对其进行修改。调整 UV 的缩放尺寸![UV Scale]，然后回到图层，对高度进行修改![Height]。这样可以完成握把粗糙度的设置，并把颜色属性关掉，如图 1.45 所示。

单击遮罩选项，为其添加滤镜高斯模糊并调整参数，如图 1.46 所示。

图 1.46 参数设置

同理，对其他地方根据实际情况进行调整，如图 1.47 所示。

图 1.47　握把材质效果

1.3.3　遮罩的原理和属性

给深绿色图层添加一个黑色遮罩，并添加一个智能遮罩，对这个遮罩的属性进行修改，如图 1.48 所示。

图 1.48　修改遮罩属性

继续复制一个图层，让其有颜色变化，同时删除这个图层的一些属性。为它添加一个黑色遮罩，同时添加一个画笔，选择 Brushes。

按住 Ctrl 键上下拖曳画笔，可以旋转画笔；按住 Ctrl 键左右拖曳画笔，可以控制画笔的透明度，中括号键控制画笔的大小。把画笔改为黑色，就可以进行擦除，如图 1.49 所示。然后根据实际情况绘制想要出现的一些效果。

图 1.49　擦除效果

1. 画笔和滤镜的使用

先添加一个图层，并为其添加黑色遮罩。再为黑色遮罩添加一个滤镜，添加完以后，选择边线，然后为其添加一个色阶。根据它的黑白灰来控制它的亮度，根据实际情况调整到合适的程度，如图 1.50 所示。

图 1.50　边缘效果

然后对它的贴图属性进行调整。再单击 Add paint，选择一个合适的笔刷进行绘制，如图 1.51 所示。如果要绘制直线，按住 Shift 键并用鼠标拖曳就可以了。

图 1.51　破坏边缘效果

在基础材质中，找到一个类似于土墙的基础材质，拖到最上方 Mortar wall，继续为其添加一个遮罩，让它有一个脏渍的变化。然后添加一个填充图层，选用全局阴影，希望它在暗部有一些变化。添加色阶，使用反向选项 Invert。如图 1.52 所示。

图 1.52　脏渍变化效果

第1章 Substance Painter基础

同时，把叠加方式改成想要的状态，如图1.53所示。

图1.53 材质效果

2. 环境与镜头特效的使用

给"jundao"模型添加一些文字，并调整背景效果和滤镜渲染。

有时需要在物体的表面添加一些花纹，甚至是一些文字，但是很难在Substance Painter中找准位置，可以回到Photoshop中进行处理。

打开ID贴图，使用文字工具输入文字，调整好大小和字体，并摆放到合适的位置，如图1.54所示。把所有文字放到一个文件夹内，并在文件夹最底部添加黑色底色，这样就完成了文字图案的制作，将其另存为单独的一张图。

图1.54 模型文字添加

回到Substance Painter，单击文件，选择 Import resources... 导入资源，添加资源 Add resources ，找到刚才做好的图片并添加进来，然后导入"jundao"文档中。

导入后，新建一个填充图层，并添加一个黑色遮罩。继续为其添加一个填充滤镜，在滤镜中选择刚刚导入的贴图，如图1.55所示。

图1.55 导入贴图

但是文字的位置并不正确，回到Photoshop中继续进行修改。修改完成后，在文档中右击，单击 Reload 重新读取。

回到填充图层，继续添加一个填充滤镜，让涂鸦显得更真实一些。接下来选择一个肌理，修改叠加方式，并对其修改重复程度及透明度，如图1.56所示。

图1.56 修改肌理

新建一个铜的智能材质，在铜的图层中添加一个黑色遮罩并添加一个画笔，在库中选择一个合适的笔刷或者Alpha笔刷进行绘制。

在"Viewer Settings" 中对参数进行修改，或者切换不同的环境，以获得不一样的环境光照 bun garage 及阴影 ✓ Shadows 。

在"Display Settings"中，还可以修改一些滤镜渲染的设置，如图1.57所示。

3. Iray 渲染器的基础操作

单击进入"Iray"渲染器，目前的状态、渲染的尺寸、离子束就是采用的精度，如图1.58所示。

最小采样值、最大采样值、最大时间如图1.59所示。修改环境贴图 Environment Map bonifacio_aragon_stairs 及曝光度，还可以调整地面的高度，如图1.60所示。

对目前渲染的结果进行保存 Save render... ，如图1.61所示。

4. 材质球的保存与贴图的导出

每一个文件夹都可以被转换成一个材质球。右击，选择 Create smart material ，可以看到在智能材质球列表中创建了一个新的材质球 。

单击左上角的 File ，在下拉菜单中选择 Export Textures... Ctrl+Shift+E ，会看到相应的模板：导出贴图的地址 F:/教育/职业教育项目/厦门信息教材/下册/草刀-bowie/CS 、导出图片的

Substance Painter
次世代PBR材质制作

图 1.57　渲染设置及效果图

图 1.58　参数设置（1）

图 1.59　参数设置（2）

图 1.60　参数设置（3）

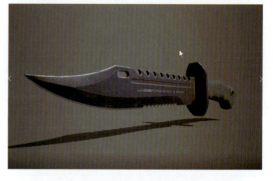

图 1.61　渲染图

图 1.62　最后渲染图

格式 targa 、材质球 jundao 及贴图尺寸 2048x2048(document size) ，将其导出到同一个文件夹中。效果如图 1.62 所示。

第 2 章
高低模的制作与烘焙

※ 2.1 低模的用途和制作要求

无论是在影视动画、VR 和 AR 产品中，还是在游戏作品中，低模的运用无处不在。不论是在 3D 软件中，还是在引擎中，模型渲染都是需要时间的。模型的面数影响渲染时长，面数越多，渲染时间越长。高模有转折细节，有些高模还包含破损纹理等信息，呈现效果好，但其细节多，降低计算性能。而低模则可以减少渲染时间，带动机器性能。由此，设计出了低模烘焙高模细节的流程，让低模能最大限度地保留高模的效果，如图 2.1 所示。

低模，关键就在于低字。其实低模的叫法来源于游戏，早期因为计算机性能的限制，引擎对模型的面数有强制的要求。有喜欢玩游戏的用户可能会发现，游戏中的模型比影视作品中的模型画面感更强，甚至特定的视角可以看到转折的边线。因为 3D 设计师在制作模型资源时，把模型的面数控制在很低。

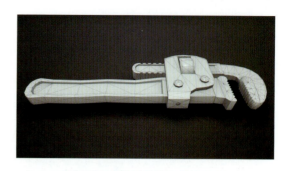

图 2.1　未设置烘焙信息的低模

低模的制作要求首要一点是面数的控制，其次是布线的合理。低模在布线时，尽量遵循四边面的布线方式，虽然可以三角面布线，但是过于拉扯的三角面布线会影响烘焙效果，如图 2.2 所示。

模型导入引擎时，只识别三角面，所以四边面以上的面（包含四边面）会被默认切割成三角面。一般四边面有两种布线可能，但是五边面已经达到了五种可能性，面数更多时，布线可能性成倍增加，如图 2.3 所示。

图 2.2　不合理布线

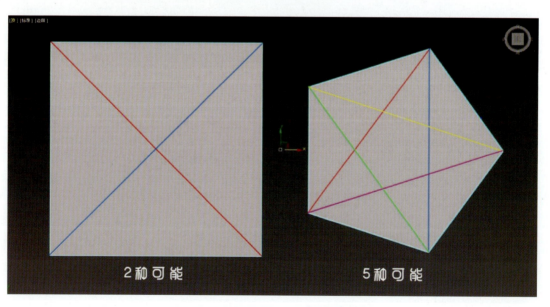

图 2.3　四边面与四边以上面的切割对比

在制作低模时，外形需要尽量匹配高模的外形，这样在烘焙时会比较稳定，不容易出现错误，如图 2.4 所示。

如图 2.5 所示，低模的面数很少，边角一般是硬边，可以通过烘焙法线来实现圆滑效果。

如图 2.6 所示，低模是个盒子，高模除了边线有圆滑外，模型中间有个部分是凹下去的，这种情况可以根据实际需求进行建模。

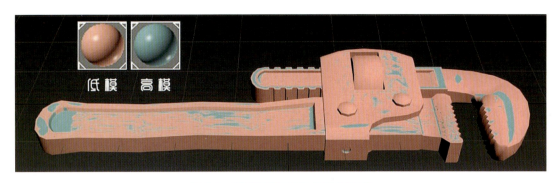

图 2.4 低模外形尽量匹配高模外形

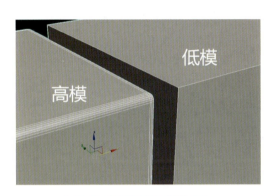

图 2.5 低模与高模细节对比

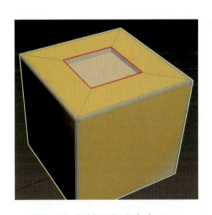

图 2.6 低模制作注意点（1）

如图 2.7 所示，高模的中间部位凸起，则低模最好也制作一个凸起的细节。

图 2.7 低模制作注意点（2）

如图 2.8 所示，模型的凸起部分比凹下去的部分效果更明显。

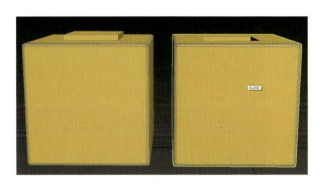

图 2.8 低模制作注意点（3）

※ 2.2 高模的用途和制作要求

高模是点线面数量更多，细节更丰富的模型。高模不仅能很好地表现出原物的结构，更能表现出原物的细节部分。在游戏美术资源制作流程中，高模是为低模服务，为了烘焙法线贴图而存在的，如图 2.9 所示。

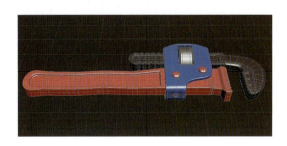

图 2.9 高模

高模一般用于电影等视觉要求比较严格的地方。与游戏不同，影视高模在转换成影像资料以后，是虚拟信号，不用去实时计算模型的点、线、面、灯光等信息；而游戏不一样，玩家在操作时，美术资源是实时运算的，所以，如果全是高模，必定会影响游戏运行的速度和流畅度。因为游戏需要低模的存在,所以高模的任务就是给低模制造一件高模的"外衣",让其在保持面数的同时,可以尽量保留高模的信息。

高模制作的先后顺序一般有两种:场景类,一般是先制作低模,在低模的基础上卡边,制作中模,然后根据实际需求看是否需要导入 ZBrush 进行雕刻。对于角色类,先在雕刻软件中制作高模,然后拓扑减面出低模。低模手绘游戏角色一般只制作低模,直接绘制贴图,不制作高模。这边以立方体为例子进行讲解。

一般用低模制作高模,需要将其转换成中模,其中第一步就是卡线,如图 2.10 所示。卡线,顾名思义,是对线进行定位,不让其超出某个范围。以图 2.11 为例,模型未卡线进行平滑,边塌陷,形状变软,不符合低模与高模外形尽可能匹配的需求。

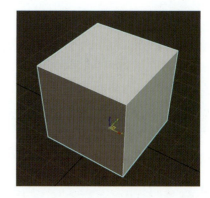

图 2.10 低模

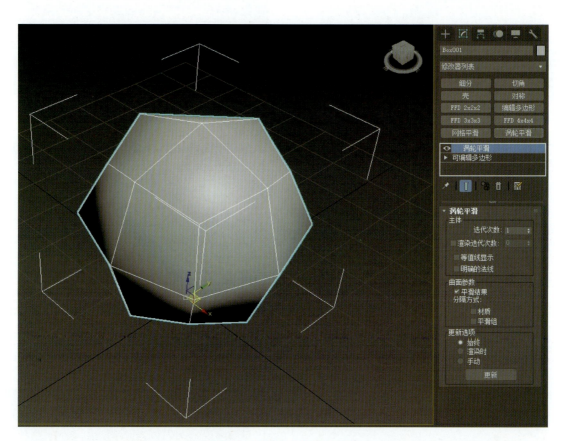

图 2.11 模型未卡边进行平滑

在图 2.12 中,需要对黄色标记的边进行卡边,所以选择其邻边,准备进行卡边。

如图 2.13 所示,可以选择边,接着使用连接工具进行连线。也可以使用切割工具直接卡线。一般使用连接的方式,这样边线比较整齐。

为了方便观察卡线对模型的影响,先卡立方体的一个角。图 2.14 是已经完成卡线的一个角。卡边的线尽量分布均匀,布线要舒服。

从图 2.15 看出,未卡边的模型在平滑后,边线会塌

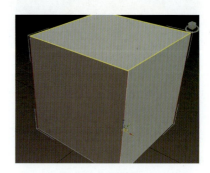

图 2.12 选择邻边

第2章 高低模的制作与烘焙

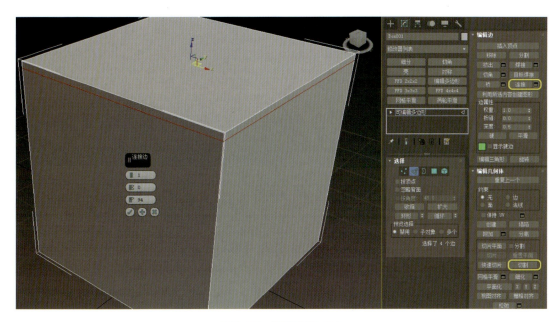

图 2.13　连接边线（1）

图 2.14　连接边线（2）

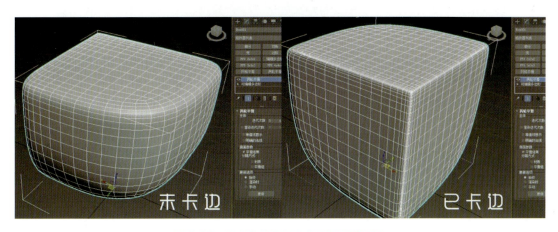

图 2.15　未卡边的角与卡边的角平滑对比

陷，形成一定弧度。

如图 2.16 所示，在重复卡线步骤后，完成中模。中模的面数不一定要很高，但是要保证边线的形状平滑后不会发生太大的变化。然后导出 OBJ 格式，以方便美术资源的导入/导出与制作。注意命名规则，中模名称后缀一般为 med。

如图 2.17 所示，中模制作完成以后，需要导入 ZBrush 制作高模，有些中模就可以当作高模使用，具体视实际情况而定。接着打开 ZBrush，在工具栏处导入模型。

如图 2.18 所示，中模导入以后，单击"Edit"与"生成 PolyMesh3D"，这样才可以对模型进行旋转与雕刻。

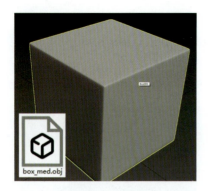

图 2.16　中模完成

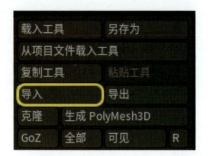

图 2.17　ZBrush 导入模型

图 2.18　模型雕刻准备

如图 2.19 所示，模型面数不够，高模在进行绘制时会出现马赛克，所以需要在工具栏里单击细分工具对模型进行细分，也可以使用 Ctrl + D 组合键对模型进行细分。

图 2.19　细分模型

如图 2.20 所示，选择一个笔刷做案例示范，笔刷用的是普通笔刷 ClayBuildup，笔刷模式选择 DragRect，图案选的是 ZBrush 自带的星星图案。在高模上绘制一个凹进去的星星图案。

如图 2.21 所示，将制作好的高模导出模型，格式为 OBJ。

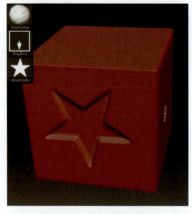

图 2.20　高模雕刻图案

图 2.21　导出高模

如图 2.22 所示，高模导入 3ds Max 观察效果。

第2章 高低模的制作与烘焙

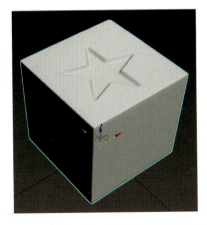

图 2.22 在 3ds Max 中导入高模观察效果

※ 2.3 烘焙前准备

如图 2.23 所示，进入 3ds Max，导入低模与高模，进行匹配，检查有没有不合适的地方。如果有不匹配的地方，可以在现有低模的基础上进行修改，比如边的长度、宽度的调整。

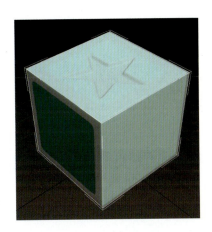

图 2.23 低模匹配高模

然后导出低模与高模。注意命名规范，一般国际惯例命名方式：低模对应后缀为 low，高模对应后缀为 high。

如图 2.24 所示，检查导出文件命名是否规范，为后续制作提供便利。

 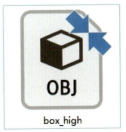

图 2.24 检查文件名称

如图 2.25 所示，文件导出后，需要对低模进行 UV 展开。常用的 UV 展开软件有 3ds Max、Maya 等 3D 软件自带的 UV 展开工具，也有独立的 UV 展开软件，例如 Unfold3D、UVLayout 等。

图 2.25 常用 UV 展开软件 Unfold3D

如图 2.26 所示，UV 展开时尽可能地平整，因为如果 UV 拉扯过大，后续的法线烘焙和贴图绘制都会出现问题。

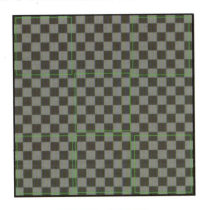

图 2.26 UV 展开

在展开 UV 时，会在断开处形成接缝，所以在摆放 UV 时，之间需要间隔一段距离，这样在贴图溢出时不会相互影响，如图 2.27 所示。

图 2.27 UV 展开间隔

※ 2.4 使用引擎进行烘焙

如图 2.28 所示，低模与高模准备好以后，就可以在美术引擎 Marmoset Toolbag 里将高模的细节信息烘焙成贴图。

单击工具栏面包形状的工具，此工具就是烘焙工具，High 代表高模图层，Low 代表低模图层。可以同时建立多个 Baker，但彼此之间并无联系，在多组模型进行烘焙时可以用到，如图 2.29 所示。

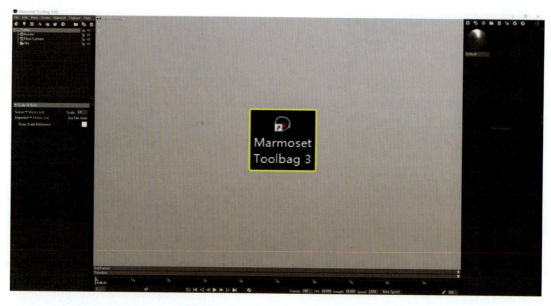

图 2.28　美术引擎 Marmoset Toolbag

图 2.29　设置 Baker 层

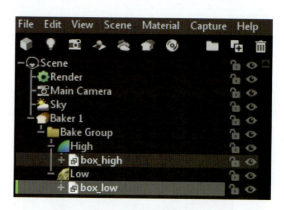

图 2.31　模型文件拖曳至对应图层

如图 2.30 所示，导入模型文件，对于前面文件命名规范的要求，在这个步骤中可以体现其作用，即方便美术制作人员快速分辨文件。

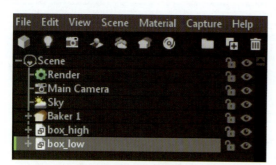

图 2.30　导入低模与高模

如图 2.31 所示，将对应属性的模型拖曳至对应图层。高模对应 High，低模对应 Low。

如果烘焙文件很多，为了突出烘焙效果，可以单击图 2.32 所示的黄色圆圈处图标，以增添渲染图层。如果这个模型分为很多组部件，最好的烘焙效果是低模甲对应高模甲，低模乙对应高模乙，当然，相应的工作复杂

图 2.32　增添 Bake Group 图层

度会增加，可以根据自己的实际需求进行操作。

如图2.33所示，可以单击锁的按钮和眼睛的按钮对图层进行锁定或者显示与隐藏等操作。

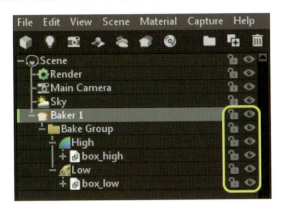

图2.33 锁定、显示、隐藏按钮

图2.34 H 与 L 按钮

如图2.34所示，除了按钮，还可以通过图层下方的H和L按钮进行显示或者隐藏操作。H对应的是高模图层的显示与隐藏，L对应的是低模图层的显示与隐藏。

单击 Low 图层，可以发现低模的外部有一层包裹物，这就是烘焙范围。如果高模超出包裹物范围，引擎是烘焙不到超出包裹范围的细节信息的，所以，要保证高模在包裹物范围之内，如图2.35所示。

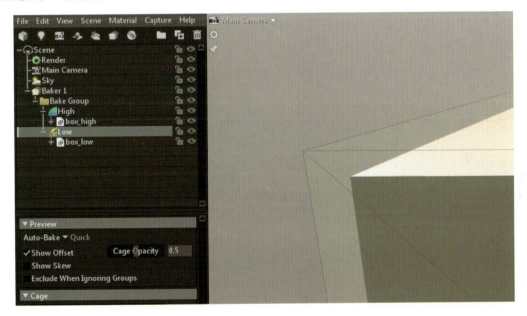

图2.35 观察烘焙范围

图层底部的"Cage"可以调节包裹物范围大小，一般情况下默认即可，可以根据实际需求进行调节，如图2.36所示。

如图2.37所示，"Cage Opacity"可以调整包裹物的透明度，数值为0~1，数值越大，透明度越低。

如图2.38所示，单击烘焙图层，可以发现图层底部有很多参数，接下来逐步进行了解。

如图2.39所示，单击省略号处，可以选择烘焙文件的输出路径。

如图2.40所示，在输出文件时，可以选择保存类型，一般选择 JPEG 或者 PNG。文件名称不需要添加后缀，例

图2.36 调整烘焙范围

图 2.37　调整包裹物透明度

图 2.38　烘焙图层参数信息

图 2.39　烘焙文件输出路径

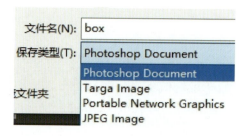

图 2.40　保存类型

如 box_AO 这样，只需要命名前缀名称即可，例如 box。引擎在渲染完成后，会自动添加渲染文件后缀名称。

可以单击贴图尺寸的右侧箭头，选择增大或者缩小贴图尺寸。这里选择默认尺寸即可，如图 2.41 所示。

图 2.41　烘焙文件尺寸调整

如图 2.42 所示，Maps 关联烘焙贴图信息，勾选需要的贴图信息即可。

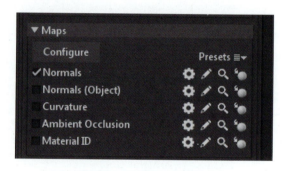

图 2.42　烘焙文件类型

烘焙完成后的法线贴图如图 2.43 所示，可以看到贴图里已经包含了高模的细节信息，例如边线的平滑效果与凹进去的星星图案。

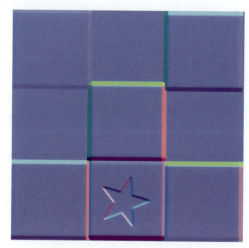

图 2.43　烘焙完成的法线贴图

除了烘焙 Normals，还可以烘焙其他贴图信息，单击"Configure"，可以添加其他贴图信息，如图 2.44 所示。

如图 2.45 所示，继续烘焙其他贴图信息，例如常用的"Curvature"与"Ambient Occlusion"。

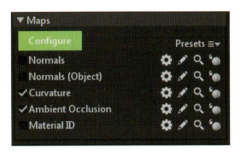

图 2.45　烘焙 Curve 与 AO

如图 2.46 所示，渲染完成后，可以在路径文件夹看到有三张烘焙图：AO 就是 Ambient Occlusion，计算机可以通过 AO 贴图来判断模型哪些部分需要阴影；Curve 用来判断模型的棱角信息，例如模型的边线转折；Normal 则承载着高模的细节信息，包括凹凸、破损、平滑效果等。

单击高模图层的眼睛按钮，隐藏高模，显示低模，准备给低模添加烘焙的法线贴图，如图 2.47 和图 2.48 所示。

单击材质球，显示图层通道，在此处通道中添加 Normals 贴图，如图 2.49 所示。

Normals 贴图添加完成，如图 2.50 所示。

图 2.44　添加其他贴图信息

box_AO

box_Curve

box_Normal

图 2.46　贴图烘焙完成

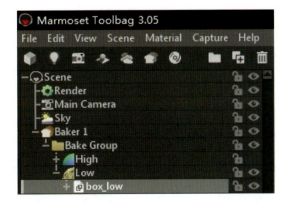

图 2.47　隐藏高模

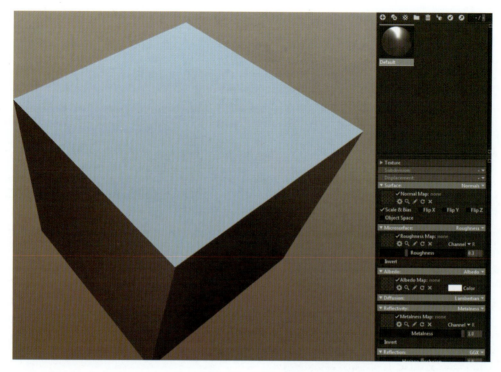

图 2.48 低模显示

图 2.49 图层通道

图 2.50 添加 Normals 贴图

添加完法线贴图,可以发现低模的边线已经拥有了高模的平滑效果,如图 2.51 所示。

如图 2.52 所示,虽然已经具备凹凸的视觉感受,但是在一定角度观看时,凹凸效果会减弱,特别是偏正面平视时。所以,在实际制作过程中,需要按照实际情况,看看低模是否需要在凹凸的地方添加凹凸细节。

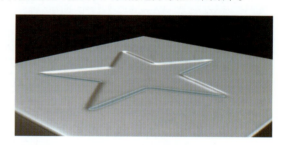

图 2.52 低模的星星效果

图 2.53 所示为在美术引擎里,低模添加完法线的渲染图。整个模型只有六个面,但是却具备了边线圆滑、面上有凹凸细节等效果,由此可以看出,贴图烘焙技术对美术资源的优化作用是非常大的。

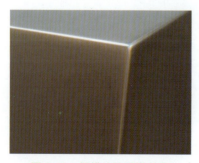

图 2.51 低模边线平滑效果

图 2.53 美术引擎 Marmoset Toolbag 渲染效果

第 3 章
PBR 贴图的作用分析

Marmoset Toolbag 这款引擎的主要功能，是在制作完美术资源之后，可以快速地查看实际在产品中呈现出来的效果。同时，也可以利用这款引擎为作品及产品做比较好的渲染和包装。最关键的是，所有的结果都是实时演算的，也就是说，可以进行一些简单的互动和查看。所有的过程都不需要等待，并且一般情况下呈现的效果都非常好。简单地说，它是一款专门用来展示或者查看美术资源的引擎，同时也支持 VR 显示效果。

※ 3.1 Marmoset Toolbag 材质属性球

有些情况下，贴图的参数并不一定是四张，但是一定是有四个属性，因为在其他引擎中，这些图会被合并成少张贴图或者一张贴图。例如，Unity3D 的项目材质中就只有三张贴图，但是项目是把金属度和光泽度通过合并成一张贴图，利用 RGB 固有色通道和 Alpha 通道来储存不同的信息，所以还是拥有四个属性：固有色（漫反射，颜色）、金属度、法线凹凸、光滑度（粗糙度）。

这里需要特别注意的是，在材质球的反射模式下，需要把高光改成金属度，如图 3.1 所示。

图 3.1 材质球通道的名称

在材质的通道中，有各式各样的名称，能表达不同的通道信息及所要表达的物体属性，这里将常用的几个通道信息列举出来，对照成中文，方便记忆。

Normals：法线凹凸属性。
Roughness：光泽度（粗糙度）。
Invert：反向显示（类似黑白颠倒）。
Albedo：固有色（漫反射）。
Metalness：金属度。
Emissive：自发光。
Transparency：透明贴图通道。
Channel：通道（计算机要读取这张贴图的哪个通道）。

※ 3.2 贴图的作用和材质球的关系

以图 3.2 为参照，把模型文件拖曳到窗口，导入软件中进行操作。

图 3.2 导入模型文件

首先将模型文件即 OBJ 文件直接拖曳到引擎的窗口中。这里可以使用 Alt 键加鼠标左键、Alt 键加鼠标右键、Shift 键加鼠标左键，分别对镜头进行旋转、缩放及旋转天空贴图的操作。使用 Alt 键加滚轮中键则可以平移视角。

在软件右上方单击加号按钮，创建一个新的材质球，并将这个新的材质球通过拖曳的方式附加到模型身上。把贴图通过拖曳到材质球通道口的方式赋予到材质球上，如图 3.3 所示。

图 3.3 创建材质球

单击这个材质球，找到法线贴图的通道，并且将法线贴图拖曳到法线贴图通道中，或者单击法线贴图通道中的小方块，找到法线贴图文件，如图3.4所示。

图3.4　法线贴图通道

附加了法线贴图之后模型呈现出的细节效果如图3.5所示。

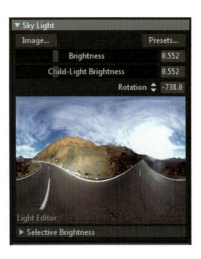

图3.7　环境贴图

图3.5　附加了法线贴图的效果

在软件左上方的列表中找到"Sky"选项，如图3.6所示。

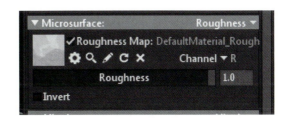

图3.8　粗糙度贴图

有色称作漫反射，如图3.9所示。

图3.9　固有色贴图通道

图3.6　天空环境贴图设置

这时看到左下方已经呈现出天空贴图的属性，可以观察到当前使用的360°天空贴图是什么样的，如图3.7所示。

单击材质球，找到"Roughness"通道，这个通道用于控制模型，也就是材质的光泽度。光泽度在某些情况下也叫作粗糙度，也就是说，如果一个物体越光泽、越平滑，它表面上呈现出越接近镜子的效果。换句话说，如果一个物体越平滑，你就能从这个物体上看到自己的影子。所以可以把粗糙度贴图添加到这个通道，如图3.8所示。

固有色贴图通道是最好理解的，呈现的是这个物体本身应该拥有的颜色。这个通道和之前手绘低模角色的贴图同一个性质。在某些软件或者其他引擎中，也把固

当前高光模式则是 Metalness 模式，在这个模式下，所有的物体分成金属和非金属两大类。越接近白色的地方，金属特质越强，黑色的地方则完全没有金属的特质，高光则是不呈现其他颜色，如图3.10所示。

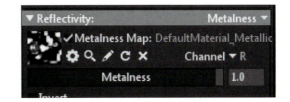

图3.10　金属高光贴图通道

要控制一些发光体，在 Emissive 模式下，需要一张自发光贴图。在自发光贴图中，黑色部分代表没有灯光效果，有颜色的部分则代表灯光效果，不同的颜色可以发出不同的光线，不同的亮度可以控制自发光的强度，如图3.11所示。

各个通道的贴图贴好后的模型效果如图3.12所示。

Substance Painter
次世代ＰＢＲ材质制作

图 3.11 自发光贴图通道

图 3.12 效果呈现

第 4 章
生物类 PBR 材质制作

Substance Painter 次世代PBR材质制作

※ 4.1 皮肤材质的分析与使用

图 4.1 所示为一个非常真实的男性脸部效果，这个效果就是利用 Substance Painter 中的 PBR 材质制作的。在开始制作 PBR 材质效果之前，依然需要获得模型的低模及法线贴图，也就是说，目前阶段已经完成了模型低模的制作、高模的雕刻、低模 UV 坐标的拆分及法线贴图的烘焙。只有这些必备素材都完成了，才可以开始制作 PBR 材质。

PBR 材质的制作在理论上其实并不难懂，关键是需要理解它的软件工作原理，也就是这个软件的精华之处——遮罩。灵活运用遮罩，就能够制作出超凡的真实质感了。

图 4.2 所示为一个已经完成的 PBR 脸部材质。接下来讲解如何完善脸部细节，并且从制作的过程中理解软件的工作思路，活学活用，用案例实战记录下关键的知识点，为后续的项目制作做准备。

首先要创建一个新的项目，单击软件左上角的"File"菜单，在"File"菜单中选择"New"，创建新的空白文档，如图 4.3 所示。

图 4.1 男性脸部最终效果

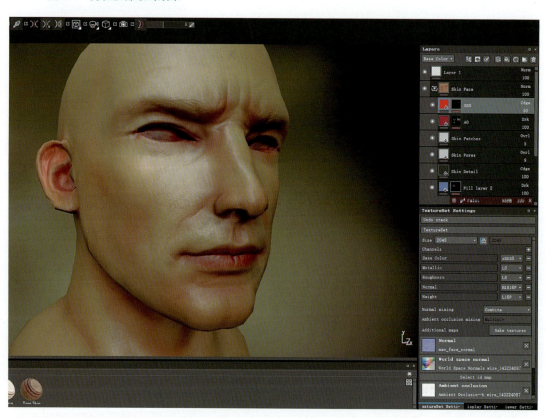

图 4.2 男性脸部 PBR 材质预览

由于为了做演示，已经打开了一个文档，这时软件提示："当前的文档已经打开并且被修改，是否需要进行保存？"这里选择不保存，单击"Discard"按钮，放弃当前的项目，如图 4.4 所示。

● 温馨提示：每次关闭文档之前，先确认是否已经保存。

现在图 4.5 中可以看到新项目的项目设置。在项目设置的菜单中，需要了解它的大部分选项，这样才能做出正确的操作。

在"Template"中可以选择不同项目类型的模板，以适应不同的引擎平台。如果没有特殊的引擎项目需求，可以忽略这个选项，如图 4.5 所示。

第4章　生物类PBR材质制作

图4.3　创建新的工程

图4.4　放弃保存当前文档

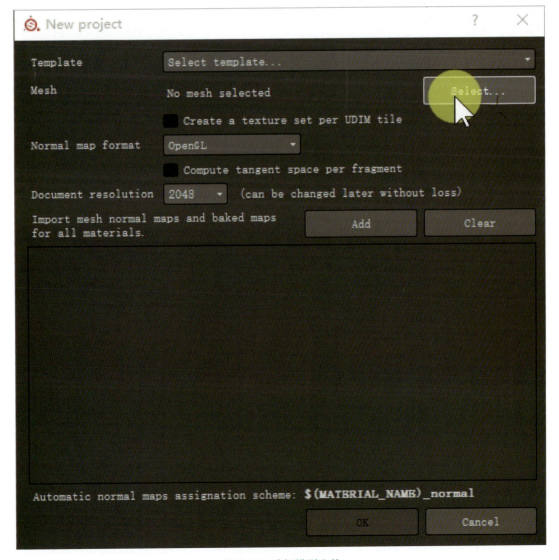

图4.5　选择模型文件

"Mesh"网格模型是需要承载贴图的模型。单击"Select"按钮，软件会弹出资源浏览器，用于找到相应的模型。软件可以导入OBJ格式和FBX格式，这里找到OBJ格式模型并双击导入，如图4.6所示。

法线贴图的"Normal"格式如图4.7所示。贴图有两种格式：OpenGL和DirectX。通常情况下使用第一种格式，只有少数的引擎会用到第二种格式。这两种格式的

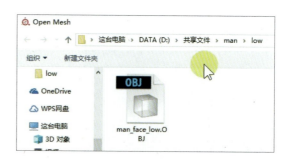

图4.6 找到模型文件

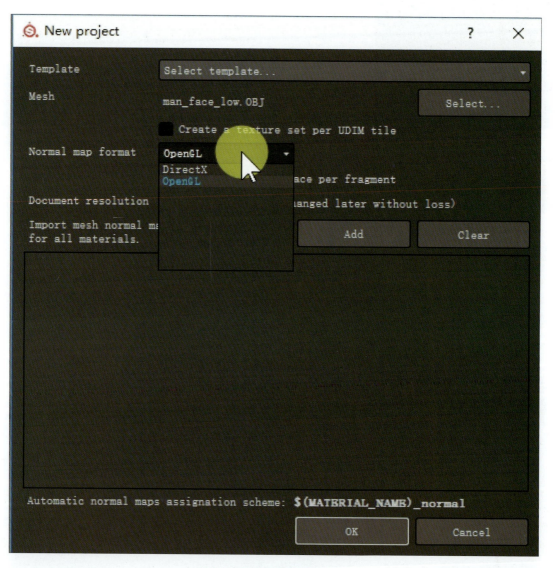

图4.7 选择法线贴图的格式

主要区别在于它们的法线通道有所不同，在法线通道上，它们的Y轴方向是相反的，其他内容是相同的。

● 温馨提示：一般情况下，3ds Max和虚幻引擎4使用的是与Y轴方向反向的法线。

如图4.8所示，"Document resolution"可以设置贴图尺寸的大小，这里设置的贴图尺寸大小并不是最终的结果，而是让接下来的贴图以当前设置的尺寸进行显示。

单击"Add"按钮，选择需要载入项目中的贴图。在这里已经烘焙好了全局阴影、边线和法线三张贴图，将它们都选中并导入项目中，如图4.9所示。

再检查一下项目界面，观察所用到的资源是否已经全部导入，尤其是模型是否正确，所需要的贴图是否已经导入列表中。如果文件都已经确认无误，单击"OK"按钮创建项目，如图4.10所示。

第4章 生物类PBR材质制作

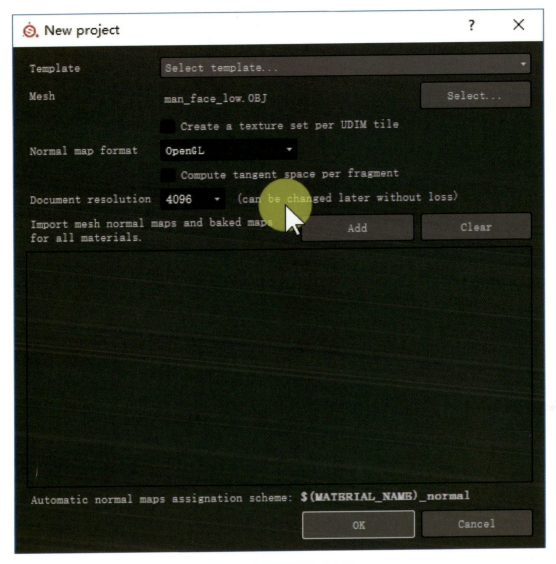

图4.8 各类贴图的尺寸大小

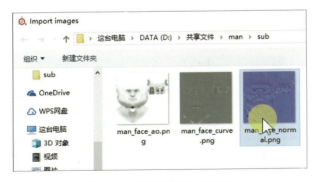

图4.9 选择需要导入的贴图

单击"OK"按钮之后，三维界面出现刚刚导入的低模和它纯白的效果，如图4.11所示。虽然导入了相关的贴图文件，但是这些贴图文件并不会直接展示在模型上，还需要对项目文档进行贴图通道的设置。

首先观察项目文件所在的位置。在"Shelf"列表中找到"Project"项目选项，单击项目选项，就可以看到关于这个项目特有的文件，例如，刚刚导入的三张贴图就可以在项目的这个列表中找到，如图4.12所示。

需要注意的是，如果想要观察大图，可以让鼠标悬停在要观察的图片的上方，当悬停时间超过1 s之后，在软件中就会显示出该图片的较大位图，如图4.13所示。

在贴图设置选项界面，首先可以看到关于尺寸的设定。在制作过程中，可以随时将贴图的分辨率调大或调小，如图4.14所示，贴图的分辨率越小，运行效率就越高，计算速度越快。贴图的精度越大，对计算机性能设备的考验也会更加严格，通常情况下，如果将所有贴图的尺寸都调到最大，会导致软件运行效率低下。

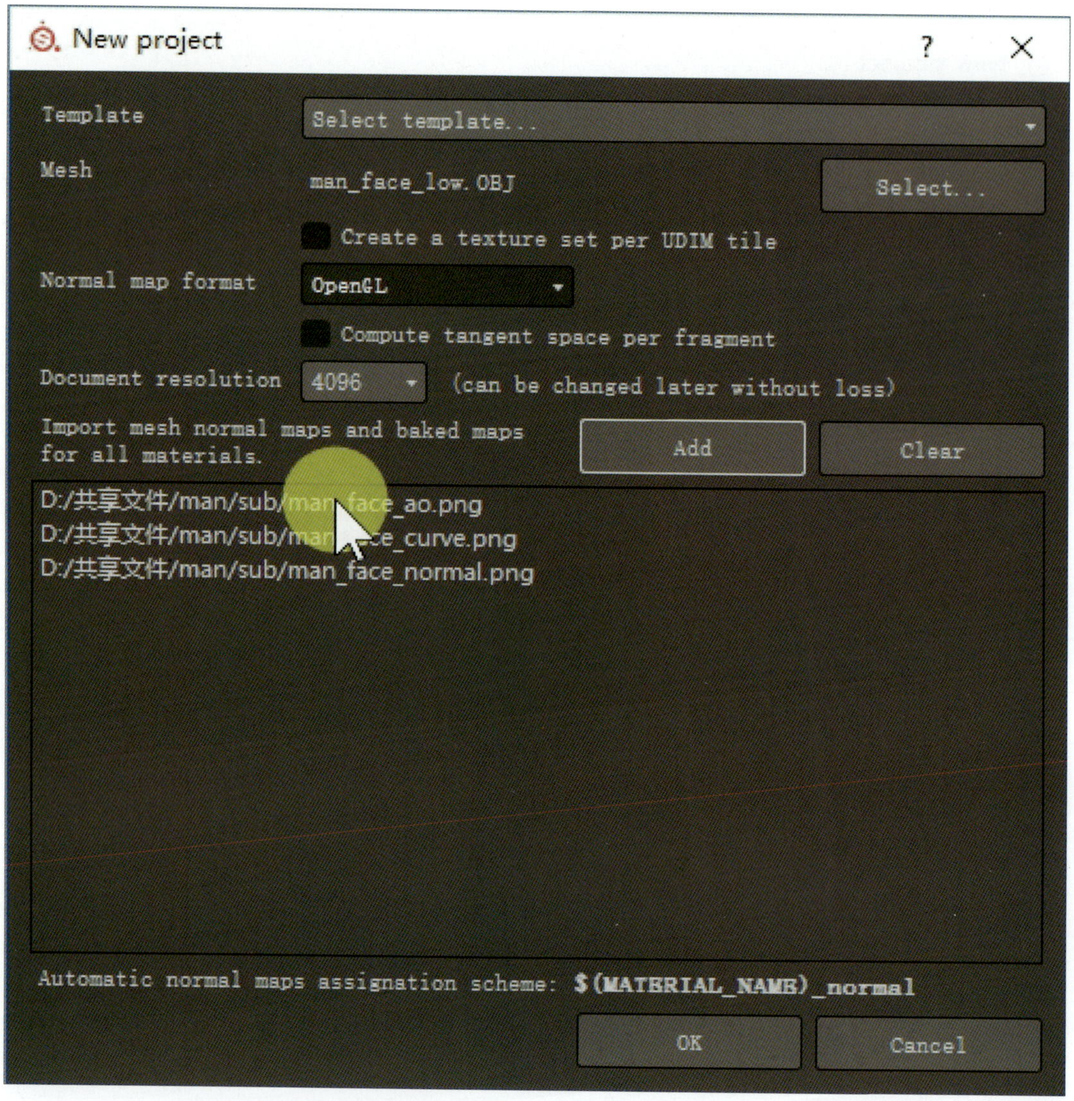

Substance Painter
次世代ＰＢＲ材质制作

图 4.10 检查导入的文件

图 4.11 创建后的状态

图 4.12 查看项目文件

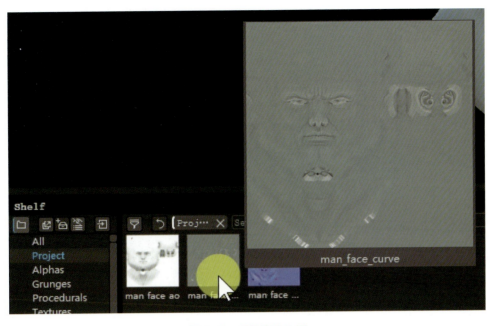

图 4.13　悬停预览大图

图 4.14　随时修改贴图显示尺寸大小

图 4.15　修改材质球通道

了解了通道的信息后，要将正确的贴图接入对应的通道中，如图 4.16 所示。

在选择了法线贴图之后，经过了非常短暂时间的计算，计算机在白色低模的状态下，显示出了法线贴图的效果，从而可以看到一个细节丰富的低模，如图 4.17 所示。

根据前面提到的方法，分别来到全局阴影通道和边线通道，将全局阴影贴图和边线贴图导入相对应的通道中，如图 4.18 所示。

对于已经成功导入的贴图，可以在通道中看到贴图的名称及贴图的缩略图预览，如图 4.19 所示。

通常情况下，需要的贴图至少有 4 张，分别是法线贴图、阴影贴图、边线贴图和 ID 贴图。这几个贴图控件的属性分别是凹凸细节、阴影暗部、结构的边缘及不同材质的区域。其他通道贴图虽然并不是最重要的，但在某些材质的影响下，可能需要用到其他通道的信息。

目前的通道有固有色、金属度、粗糙度及高度贴图，如图 4.15 所示，缺少了两个比较常见且重要的贴图通道：自发光贴图和透明通道。虽然这两个通道都非常重要，但是对皮肤特质来说，暂时不需要。

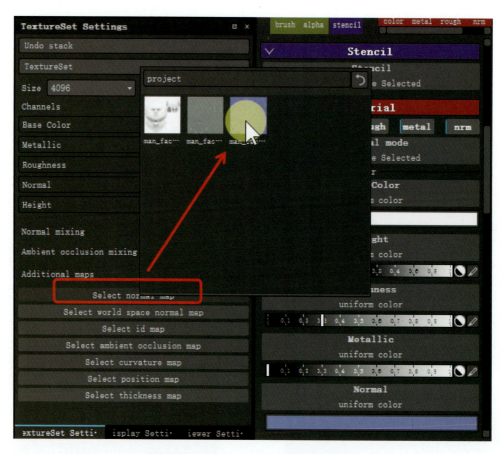

图4.16 插入正确的贴图到指定的通道

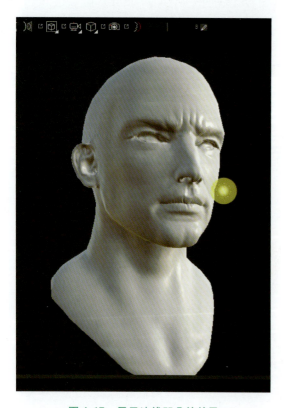

图4.17 显示法线凹凸的效果

图4.18 找到全局阴影和边线的通道

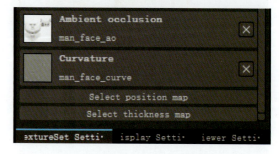

图4.19 全局阴影和边线的导入

除了在外部烘焙好贴图再导入项目中外，也可以在软件中进行贴图烘焙。单击"Bake textures"（烘焙贴图）按钮，可以对贴图进行烘焙，如图4.20所示。需要注意的是，烘焙贴图按钮可以烘焙模型，也可以在没有模型的基础上推算出其他贴图的样式。

果使用推理烘焙，只能根据法线贴图的凹凸推理出其他的结果，这个结果并不一定是最准确的。不过在制作茶具的过程中，依然可以被作为其他材质的依据进行使用。在有条件及时间允许的情况下，可以使用比较花费时间，但精度和准确度较高的外部烘焙方式进行烘焙。

● **温馨提示**：法线贴图是一切的基础，什么贴图都可以没有，但是绝对不能缺少法线贴图。

单击烘焙贴图选项之后，可以在左边的列表中看到想要烘焙的贴图通道。勾选后，就可以对勾选的贴图通道进行烘焙。需要注意的是，如果当前的通道已经贴上了相关的贴图，进行烘焙后，会将之前的贴图覆盖掉，更新成烘焙之后的贴图通道。另外，可以看到右上角有烘焙出来的尺寸，默认情况下尺寸非常小，只有512的显示尺寸，这个精度是绝对不够的，即使获得了一张贴图，这张贴图的精度也会影响到后续材质使用推理的结果，也就是说，贴图的尺寸越大，精度越高，推理出来的结果就越有细节。所以，设置的烘焙尺寸最好和烘焙出来的其他贴图的尺寸一致，如果烘焙出来的贴图尺寸大小是2 048，那么推理烘焙出来的贴图也可以设置成相对应的大小，如图4.21所示。

图4.20　找到烘焙贴图的选项

如果在软件外部使用模型进行烘焙，也可以获得最精确的结果，甚至可以烘焙出模型和模型之间的阴影。如

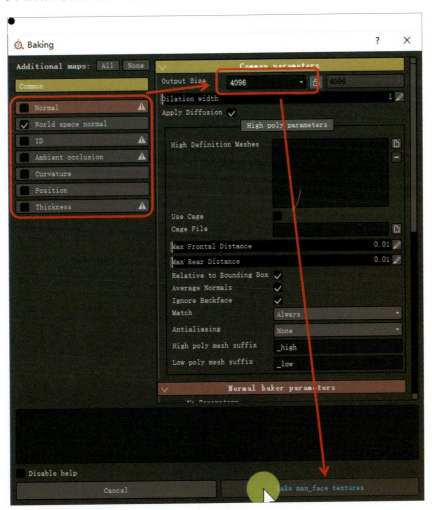

图4.21　烘焙其他贴图并修改尺寸

Substance Painter
次世代PBR材质制作

单击了烘焙按钮之后，产生一个窗口，提示当前的烘焙进度。当烘焙进度为百分之百时，单击"OK"按钮结束烘焙，如图4.22所示。

图4.22 烘焙进度

烘焙出来的贴图已经自动粘贴到了对应的贴图通道中，不需要手动再去添加一次，如图4.23所示。

图4.23 烘焙后自动赋予的贴图

烘焙后，有时当前模型呈现的效果不太明显，但这些通道的截图会在后续使用材质时表现出来，尤其是在使用智能材质球时尤为明显，如图4.24所示。

图4.24 模型目前的效果

单击"Shelf"→"Smart materials"，在材质列表中选择材质，如图4.25所示。如果材质在当前的列表中并没有出现，则可以使用接近的材质，并对其属性进行修改。

为脸部添加材质，可以选择一个比较接近的基础材质进行修改。在顶部的搜索栏中输入"skin"，列表中出现了筛选的结果，找到"Skin Face"，如图4.26所示。

可以对当前的材质球进行预览，只需要将鼠标悬停在材质球之上，就会弹出材质球的大预览图，通过观察，发现这个脸部材质球非常适合使用。其除了拥有基础的肤色之外，还能在脸部的暗部部分、凹陷结构部分添加一定的红润的颜色，如图4.27所示。

图4.25 材质列表

第4章 生物类PBR材质制作 043

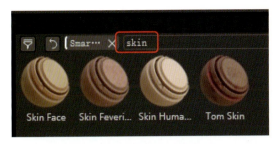

图4.26 直接搜索材质球名字

图4.27 预览脸部材质球

选择好了智能材质球之后，可以按住鼠标左键不放，将其拖曳到右上角的图层列表中，松开鼠标左键即可将选择的智能材质球全部添加到模型中，如图4.28所示。

图4.28 拖曳材质球到图层列表

有时虽然加上了材质，但是模型并没有立刻显示更新后的结果，而是在屏幕的中间出现一个红色的进度条，这个进度条表示软件正在后台进行更新操作，需要等进度条完成后才能看到最终显示的结果，如图4.29所示。

图4.29 正在更新显示结果

智能材质球在通常情况下是以文件夹的形式出现在图层列表中的。智能材质球和普通材质球并不一样，智能材质球包含了多个图层，每一个图层都有它自己要控制的属性，如图4.30所示。

图4.30 展开文件夹后的效果

每一个材质球都能够显示自己所需要的贴图，在右上角的材质球列表中，可以看到材质球的名称。例如，一个角色身上可能包含多套材质，比如其中一套材质是控制全身的皮肤，另一套材质控制全身的盔甲，还有一套材质控制所有的武器。这就是材质球列表的用处。如果当前只有脸部模型，则只需要一个材质球列表，即脸部的材质球。不同的材质球列表中，图层是不通用的，也就是说，将脸部智能材质球添加到脸部材质球列表中后，并不会出现在其他的列表中，如图4.31所示。

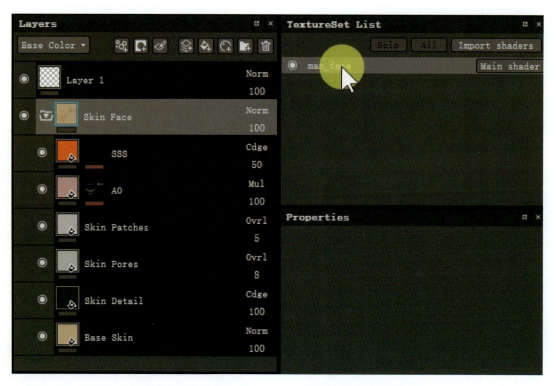

图4.31 当前的图层对应当前显示的材质球贴图名称

如图4.32所示,智能材质球已经被添加上去了,当前的模型已经从纯白变成了一个拥有皮肤基础材质的模型。

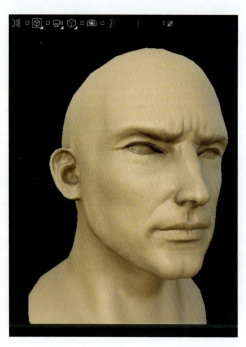

图4.32 目前模型显示效果

每一个图层控制的内容都是不一样的,可以将每一个图层的含义进行分解。最简单的做法是将所有的图层的显示按钮都关闭,通过图层逐个显示来观察模型的变化,从而判断每一个图层的功能。理解了功能之后,就可以对图层进行修改了。

底部图层控制的是整个皮肤的基础颜色,以及皮肤的光滑情况,如图4.33所示。

皮肤细节图层是在基础图层的基础上,添加了一些色彩变化。放大视图,可以看到皮肤上出现了一些噪点,使得皮肤细节看起来更加丰富一些,如图4.34所示。

毛孔图层能够控制皮肤上的毛孔。这个图层通过图片的噪点及涂层凹凸属性,为皮肤增加了很多的毛孔细节。这些凹凸的毛孔使得镜头推进了以后,能够看到非常丰富的皮肤细节,如图4.35所示。

AO图层能够控制脸部皮肤暗部及深入凹陷部分的颜色;SSS图层能够控制皮肤比较薄、比较通透部分的色彩显示效果,如图4.36所示。

※ 4.2 如何深入制作皮肤的变化

图4.37所示是真实男性脸部的一个参考,从这两张照片可以看到色彩变化。除了基础的肤色之外,并不是每个地方的皮肤颜色都一样,有正常的颜色,有亮度,也有红润的颜色,甚至有一些部分比普通的皮肤呈现出更冷的色调。只有这样丰富的细节变化,才会让皮肤看起来更加真实。

第4章 生物类PBR材质制作

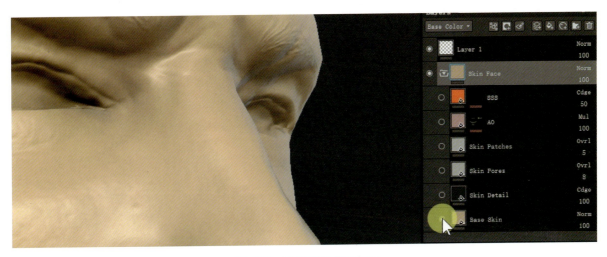

图 4.33　底部图层控制内容

图 4.34　细节图层控制内容

图 4.35　毛孔图层控制内容

图 4.36 特别图层影响

如图 4.38 所示，在选择了基础图层之后，这个图层的属性信息都出现在了属性列表中，这些是可以修改的属性内容。图层能够控制的通道属性，例如基础的固有色、金属度、粗糙度、法线和高度等，其按钮都处于激活的状态，表示当前图层能够影响到这些属性，如果关掉一个通道，例如关闭金属度通道，那么这个图层就对物体的金属度不产生影响。

图 4.38 底部图层属性

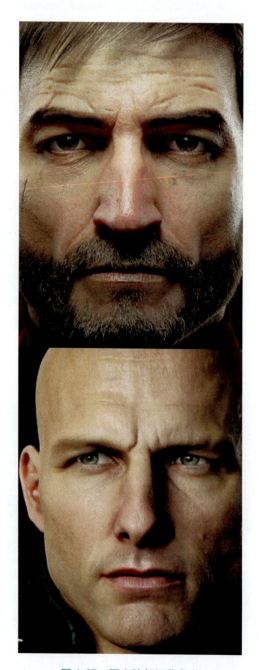

图 4.37 写实脸部细节参考

现在先来修改基础的固有色，单击基础固有色的颜色条，对颜色进行修改。

单击基础固有色颜色条之后，显示颜色的取色器，可以在色环、饱和度、亮度上对颜色进行修改，也可以在下方直接输入颜色的 RGB 数值进行颜色修改。

也可以直接使用滴管工具吸取颜色。使用滴管时，不只可以吸取当前软件中的颜色，还可以吸取计算机屏幕上任何一个位置任意像素表现出来的颜色，如图 4.39 所示。

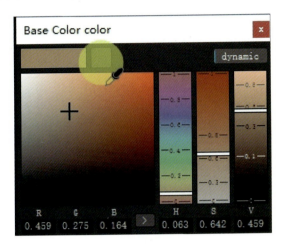

图 4.39　底部图层固有色

这里可以继续修改图层的金属度和粗糙度，如图 4.40 所示。

图 4.40　底部图层粗糙度

金属度控制的是这个物体呈现出倾向于金属的程度。目前制作的是皮肤效果，不是金属，所以金属度为零。

对于粗糙度，其实可以换个角度理解，布料的粗糙度就很大，完全不会反光，然而一些烤漆效果的粗糙度就很低，相当于是镜面的效果，能够反射出一部分环境的景象。粗糙度为 0，相当于光滑度 100。

修改皮肤的粗糙度，并观察效果，如图 4.41 所示。

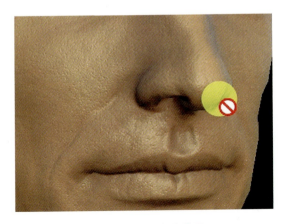

图 4.41　模型当前效果

如图 4.42 所示，现在可以考虑深入皮肤的暗部色调，这里选择 AO 图层进行修改。单击 AO 图层，按住 Alt 键的同时，鼠标左键单击遮罩部分，进入遮罩显示模式。

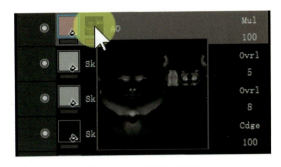

图 4.42　暗部颜色图层

如图 4.43 所示，模型的显示情况发生了变化，原本显示模型材质效果的样式变成了只显示遮罩的效果。遮罩的原理是黑色不显示，白色显示，所以现在白色部分要在模型上显示出暗红色调的效果，可以据此进行修改，以改变目前遮罩的情况。

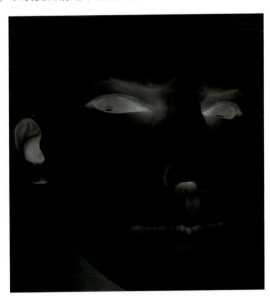

图 4.43　暗部颜色图层显示范围

单击当前 AO 图层的遮罩，发现在遮罩的底部有两个修改器：一个是填充（Fill）修改器，一个是色阶（Levels）修改器。单击填充修改器，属性列表中显示该填充修改器的属性参数。如图 4.44 所示，右下角显示这个填充修改器使用的贴图，这张贴图就是 AO 阴影贴图。

值得注意的是，填充图层能够修改的还有贴图的角度、重复次数等，这也会影响最终的结果。

单击色阶修改器来查看色阶的属性，如图 4.45 所示。可以对下方的填充修改器的结果进行修改。例如，可以进行反向显示，修改暗部色阶、中间调和亮部色阶，修改黑白效果对比度及范围。

图 4.44　填充图层细节

图 4.45　色阶图层细节

在每个图层的右上角可以修改图层的叠加方式和图层透明度参数，这里把原本的叠加方式从正片叠底"Multiply"修改为正常"Normal"模式。原本的正片叠底对当前的图层来说太暗了，不能很好地展现出暗部的色调，所以修改成正常模型，不和其他图层发生叠加，用颜色来控制暗部红润色调，如图 4.46 所示。

现在可以修改 AO 图层的固有色了。为了更好地呈现修改后的结果，可以在颜色非常饱和、艳丽的情况下查看图层表现的结果，如图 4.47 所示。

模型的显示效果如图 4.48 所示。

修改显示的颜色，使用比较深的暗红色，降低了饱和度之后，模型更加真实了，如图 4.49 所示。

在模型显示材质球效果的情况下，对色阶修改器进行调整，使得当前的色彩显示范围符合预期效果，如图 4.50 所示。

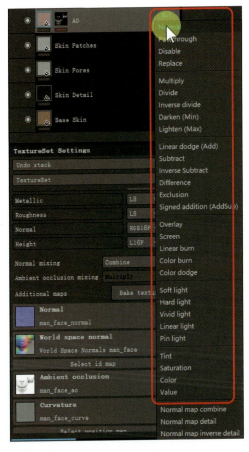

图 4.46　图层的叠加方式

图 4.47　修改图层固有色

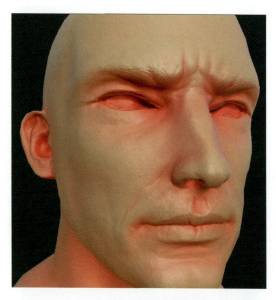

图 4.48　当前模型效果

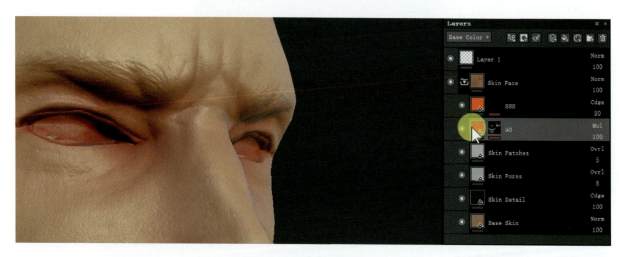

图 4.49　修改颜色

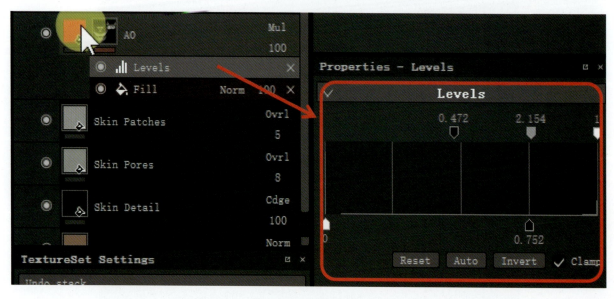

图 4.50　色阶修改细节

在单独显示遮罩的情况下，可以看到图层显示出来的效果了，目前设计的内容是希望暗部的面积尽量大一些，这样可以让皮肤的色彩变化更加明显。因为希望模型的材质表现丰富一些，所以在修改遮罩时，尽可能增加颜色变化的范围和面积，如图4.51所示。

图4.52 模型当前效果

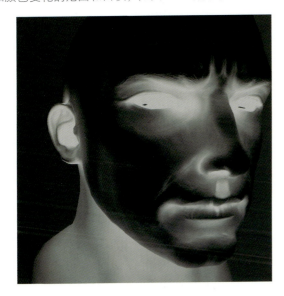

图4.51 增多之后的范围

单击图层预览图或者按下快捷键M，回到正常的PBR材质显示效果，观察当前模型的暗部、亮部过渡效果，如图4.52所示。

※ 4.3 笔刷与遮罩结合使用

找到SSS图层的效果，单击后呈现SSS图层的属性列表。现在的SSS图层所控制的通道只有颜色通道，如图4.53所示。

如图4.54所示，皮肤是半透明的材质，实际上就是皮肤较薄的部分容易被光线穿透。

图4.53 半透明材质图层

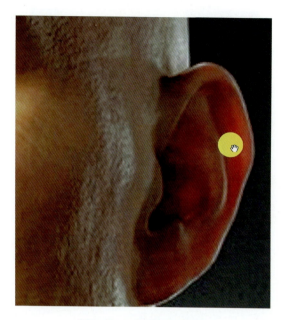

图 4.54　写实耳朵的表现

SSS 图层有两个遮罩修改器：色阶和填充。检查后发现两个修改器对遮罩没有任何影响，遮罩上显示的是完全的黑色。这样的遮罩结果显然是错误的，如图 4.55 所示。

图 4.55　查看通透图层的修改命令

既然检查的结果是错误的，就没有必要留着这两个修改器。单击修改器后面的小叉按钮，移除当前没有效果的修改器，如图 4.56 所示。

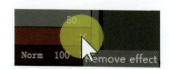

图 4.56　移除不需要的修改器

移除了修改器之后，为图层添加绘画修改器，这样就可以通过手绘来控制模型哪些地方需要显示出半透明的效果，如图 4.57 所示。

虽然看起来可以在任何地方使用笔刷进行绘制，但是如果要用到绘制修改器，必须要单击当前的绘制修改器才能继续进行对遮罩的绘制，如图 4.58 所示。

使用画笔时，可以从绘画的属性面板中找到一些参数进行修改。这里比较重要的一个参数就是画笔的黑白颜色，根据黑色不显示和白色显示的原理，对画笔进行黑白色的设置，如图 4.59 所示。

图 4.57　添加绘画修改器

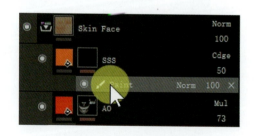

图 4.58　选择绘画修改器

为了测试画笔效果，可以直接在脸部使用画笔绘制一段区域，观察当前的图层效果，可以看到绘制过的地方显示出了当前图层的红润效果，绘画图层的设置就已经成功了，如图 4.60 所示。

虽然已经成功绘制出了一段内容，但是笔刷的效果并不令人满意，在笔刷的属性中，还可以做一些细微的设置，例如笔刷的尺寸大小、笔刷的力度、笔刷的透明度等，如图 4.61 所示。这些属性除了可以用参数修改之外，还可以按住 Ctrl 键并且拖曳鼠标左键实现。左右滑动是旋转笔刷，上下滑动是调整笔刷的不透明度，同时，

第4章 生物类PBR材质制作

图 4.59 笔刷的颜色选择

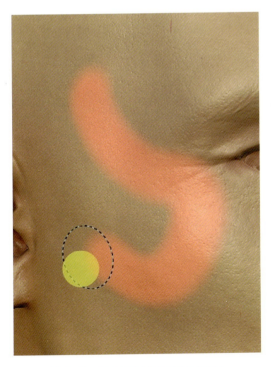

图 4.60 随意进行涂抹来测试画笔

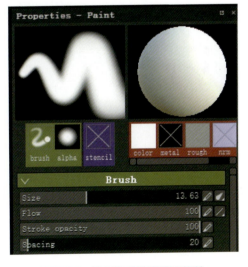

图 4.61 控制修改笔刷基础属性

"Brush"列表中选择比较接近的笔刷进行绘制。这里需要选择一个力度较轻，边界不是很明显的笔刷来对皮肤红润、透明的部分进行绘制。

需要注意的是，每一个笔刷都有自己的默认参数。一般情况下，默认的参数已经是这个笔刷的最佳状态。因为在使用笔刷时，通常只要选对了笔刷，调整其透明

键盘上的中括号也可以更改笔刷的大小。

选择一个好的笔刷对绘制来说非常重要。可以在

度即可，如图 4.62 所示。

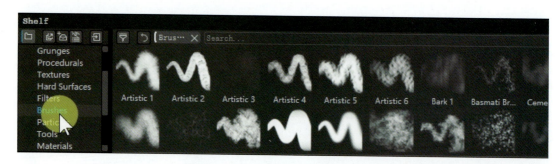

图 4.62　选择合适的笔刷类型

除了笔刷的基本参数以外，还有很多其他参数可以进行调节，例如笔刷的角度、笔刷的路径是否会跟随绘制的方向发生改变等，如图 4.63 所示。还可以改变笔刷本身的图案，在 Alpha 通道中选择一个新的图案替换当前笔刷的默认图案即可。

图 4.63　笔刷的基础参数

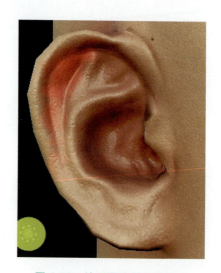

图 4.64　绘制需要显示的区域

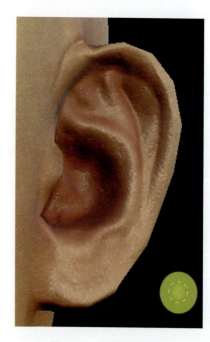

图 4.65　发现没有对称

在耳朵较薄的部位绘制出皮肤透明、红润的效果，通常情况下这些效果集中在耳朵的上方，在这块区域使用较重的力度、较深的绘画深度。

需要注意的是，除了笔刷本身的设置之外，通常情况下使用的画笔是手绘笔。通过手绘笔轻重来控制笔刷的效果，如图 4.64 所示。

如果使用鼠标绘制，将会丧失一些功能，尤其是笔刷的笔锋效果。这是因为鼠标没有压感系数，所以，使用鼠标绘画时，笔刷不会出现粗细变化。

如图 4.65 所示，发现模型的另一侧没有任何的变化。那么有没有一些方便的方法能够同时对称绘制角色的左右两端呢？

在考虑这个问题之前，先来试试切换显示方式。在软件菜单顶部视角方向上找到可以控制图片显示方式的按钮。展开列表之后，会发现在列表中有三种视角显示方式：第 1 种方式是三维的视角和二维的视角同时显示，第2种方式是只显示三维的视角，第3种方式是只显示二维的视角，如图4.66所示。

需要注意的是，二维的视角并不是把模型压扁，而是从贴图上观察模型当前的效果。

这里选择第1种方式。通过二维的窗口，发现耳朵的另一侧没有变化，这是因为当初在拆分模型的贴图坐标时，是全面展开的，也就是说，左侧和右侧的贴图坐标并没有叠加在一起，而是分别展开，这样就可以使左边和右边产生不同的效果。这样的好处是贴图看起来会更加真实，坏处是贴图精度面积下降，并且需要做两遍相同的操作，如图4.67所示。

图4.66　修改显示方式

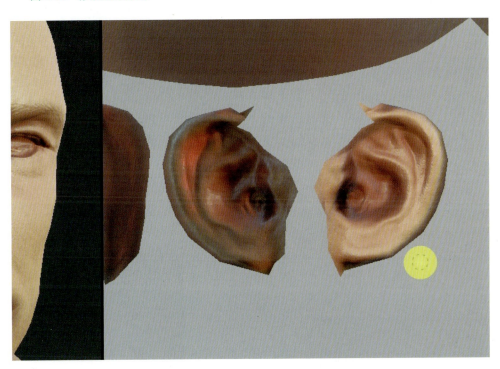

图4.67　观察二维平面情况

在UV不对称重叠的角色身上，打开对称工具进行对称绘制，如图4.68所示。

图4.68　打开对称绘制工具

在软件的菜单顶部找到"Symmetry"（镜像）按钮，单击就可以激活镜像工具，在镜像工具下绘制即可。

如图4.69所示，现在打开了镜像对称绘制按钮。这时发现在三维视角的窗口中，居中的部分出现了一面红色的墙，正面红色的墙刚好将模型切割为两半。这个红色的墙就是镜像的位置。

需要注意的是，打开了镜像模式之后，无论在镜像的左侧还是镜像的右侧进行操作，其结果都会被镜像。

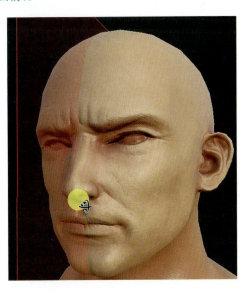

图4.69　观察对称轴的位置

在打开对称工具的情况下，对耳朵的其中一侧进行绘制，如图4.70所示。

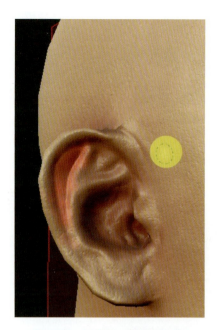

图 4.70　对其中一侧进行绘制

完成之后，发现耳朵的另一侧也出现了相同的结果。这样的操作非常适合制作一些对称的物体，如战舰、飞船、武器等。

通常情况下，可以使用对称快速绘制出对称结果，然后再关闭对称，做出一些微小的左右不对称状态，这样角色更加真实，并且还节省了制作时间，如图 4.71 所示。

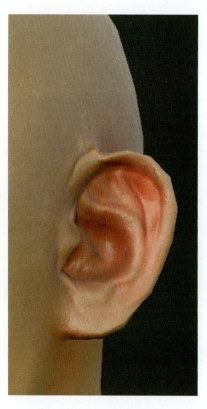

图 4.71　观察对面的结果

除了刚才的 SSS 材质之外，还需要制作皮肤的高亮部分，以及暗部的冷色调部分。这里可以选择最底部的图层进行复制，如图 4.72 所示。

图 4.72　复制底部图层

还可以单击鼠标右键，选择备份图层"Duplicate layer(s)"，如图 4.73 所示。

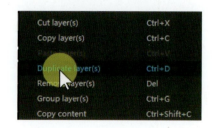

图 4.73　备份底部图层

复制出来的新图层如图 4.74 所示。修改亮部肤色，如图 4.75 所示。

图 4.74　复制出来的新图层

复制出来的图层还需要修改图层的叠加方式。将图层的叠加方式从正常改为变亮，这样看起来更加生动，也会和下方的图层产生一定的色彩变化，如图 4.76 所示。

通过一系列的调整，获得了亮度图层，肤色变得更亮了一些，如图 4.77 所示。还需要对涂层的细节进行修改，为当前的亮部肤色图层添加一个遮罩。

第4章 生物类PBR材质制作 057

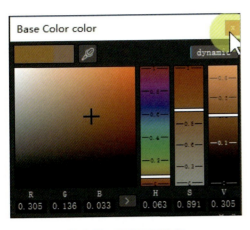

图4.75 修改亮部肤色

图4.76 修改亮部肤色图层叠加方式

图4.77 叠加后的效果

遮罩是这个设计软件的精髓，可以通过遮罩来控制任何想要显示和不显示的部分。

为了给这个亮色的图层添加遮罩，可以在图层的上方单击鼠标右键，选择添加一个黑色的遮罩，如图4.78所示。

图4.78 为亮部肤色图层增加遮罩

右击遮罩的下方，添加一个绘制修改器，如图4.79所示。

图4.79 为遮罩添加绘制修改器

如图4.80所示，突起的眉弓、高耸的鼻梁及大面积凸起的颧骨部分，都是需要提亮的地方。

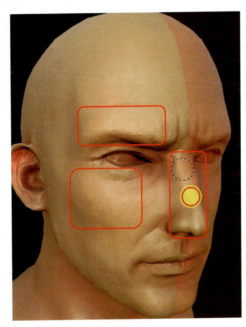

图4.80 对脸部亮色部分进行绘制

复制一个图层，用于绘制皮肤更为深色红润的部分，如图4.81所示。

图4.81 继续添加新图层做暗部肤色

同样地，也给这个图层添加一个遮罩，并且使用绘制修改器进行绘制，同时，将当前图层的叠加方式从正常改为变暗模式。

现在可以在皮肤的一些凹陷处进行绘制了，例如眼睛的一些皱纹、鼻子侧面的法令纹、嘴角窝、下巴皱纹凹陷的部分、皱眉发生的肌肉凹陷、下巴和脖子结合的部分、胸锁乳突肌凹陷部分等，如图4.82所示。

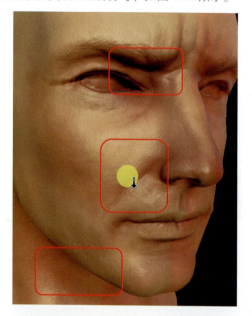

图4.82 在结构凹陷处进行绘制

如图4.83所示，现在的皮肤看起来已经比之前的皮肤丰富了许多，层次感也增强了不少。另外，可以修改不同图层的光滑度，这样可以让皮肤在不同的位置呈现出不同的光滑度。

单击图层中的"填充"按钮，创建一个全新的填充图层，如图4.84所示。

这个单图层带有所有的通道及属性，可以非常方便地在填充图层上进行修改。

新增加的这个填充图层将作为嘴唇的纯色进行制作。首先要更改嘴唇涂层的固有色。单击嘴唇涂层的颜色按钮，将嘴唇涂层的颜色改为暗红色调，如图4.85所示。

接着继续使用添加黑色褶皱及配合绘制修改器的方式，在模型嘴唇的部分绘制出嘴唇的唇色。

绘制后发现当前的嘴唇效果并不是很好和角色的性格特征格格不入，所以需要对当前图层进行细微的修改，如图4.86所示。

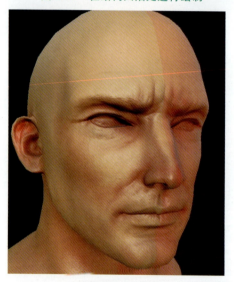

图4.83 当前的模型效果

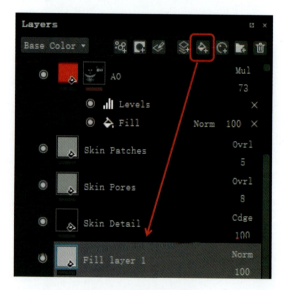

图4.84 新建填充图层

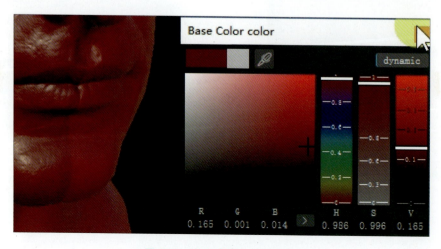

图4.85 修改嘴唇部分固有色

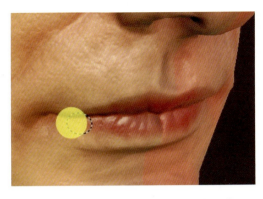

图 4.86 使用遮罩和绘画绘制唇彩区域

将涂层的透明度下降到 75% 左右，如图 4.87 所示。

除了修改嘴唇涂层的颜色透明度之外，还需要修改这个涂层的光滑度，如图 4.88 所示。

图 4.87 降低唇色图层透明度

图 4.88 修改嘴唇粗糙度

调整了这些参数之后，嘴唇涂层所呈现出来的三维效果比之前看到的真实得多，并且它更符合当前角色的状态和定义，如图 4.89 所示。

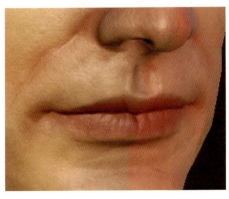

图 4.89 观察嘴唇效果

为了丰富皮肤细节，还要继续增加冷色调的图层。创建一个新的填充图层，并且将当前填充图层的固有色修改为较深的蓝紫色调，如图 4.90 所示。

图 4.90 新建类色调图层

修改这个冷色调涂层的叠加方式，将这个冷色调涂层的叠加方式从正常修改为加深模式，如图 4.91 和图 4.92 所示。

图 4.91 修改图层叠加方式

图 4.92 叠加方式为变暗

修改了图层的颜色及叠加方式之后，在三维窗口观察模型的效果，看到模型变得非常奇怪，如图 4.93 所示。继续为图层添加黑色遮罩。

图 4.93 观察模型效果

如图 4.94 所示，使用画笔在皮肤应该呈现出冷色调的地方进行绘制。

060 Substance Painter
次世代PBR材质制作

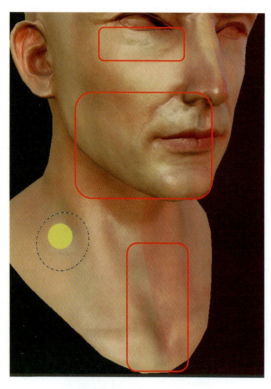

图 4.94　继续利用遮罩在皮肤适当部位绘制

最终效果如图 4.95 所示。

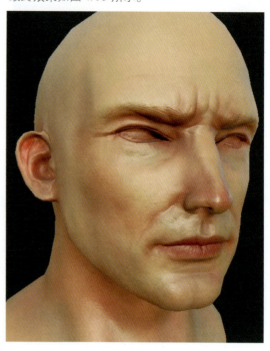

图 4.95　当前丰富细节后的皮肤效果

为了突出效果，可以进行对比，如图 4.96 所示。

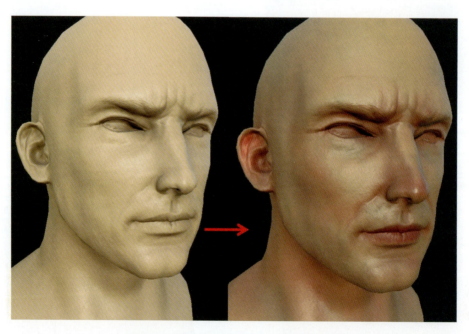

图 4.96　原始未修改材质和当前效果对比

对制作的文件进行保存，如图 4.97 所示。按 Ctrl + S 组合键或者单击 "文件" → "保存" 即可。

在单击 "保存" 按钮时，软件的右下角会出现一个提示符，提示当前软件正在保存，如图 4.98 所示。

单击 "Environment Map"（环境贴图）选项，更改背景，例如可以将环境更改为森林，也可以将环境更改为废弃的修车站。

同时，还可以更改环境的背景透明度，当前 "Environment Opacity"（环境背景透明度）的值是 0，所以现在看到的场景中是没有背景的，只有一个暗部的纯色调，如图 4.99 所示。

将环境背景的透明度调高，如图 4.100 所示。

第4章 生物类PBR材质制作

图 4.97　保存工程文件

图 4.98　软件存储中的提示

图 4.99　修改背景透明度

图 4.100　当前显示效果

图 4.101　启用阴影

图 4.102　阴影显示效果

查看设置选项中的激活阴影"Shadows"选项，如图4.101所示。将阴影的透明度下降到70%~80%，这样影子看起来会更加通透一些。

模型产生了一定的阴影效果，如图4.102所示。

还可以为画面添加更多的后期镜头滤镜，如图4.103所示。

滤镜增强效果如图4.104所示。

图 4.103　更多后期镜头滤镜

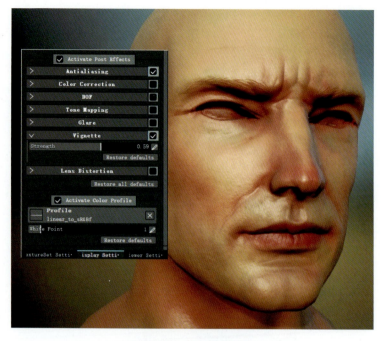

图 4.104　滤镜增强效果

后期镜头滤镜效果选项中，"Antialiasing"（抗锯齿）可以减少锯齿，从而使边界更加融合，看起来更加真实。"Color Correction"（色彩矫正）可以调整画面的亮度、对比度、曝光度及饱和度等。镜头光晕效果"Glare"开启了之后，可以看到高亮的部分在镜头面前产生了镜头光晕。打开镜头暗角效果"Vignette"之后，可以感受到镜头周围一圈都加深了一点。"Color Profile"（色彩变化）类似于美颜相机中的调色，不同的色彩风格可以使画面呈现出不一样的效果。

还可以修改显示设置中的显示线框"Wireframe"选项，如图 4.105 所示。显示线框选项可以将低模的布线显示出来，如图 4.106 所示。

图 4.105　显示线框选项

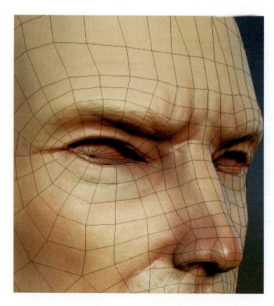

图 4.106　线框模型对比

第 5 章
金属类 PBR 材质制作

※ 5.1 金属基础材质的塑造

Substance Painter 材质栏里有预设材质球，包括 Materials 材质与 Smart Materials 智能材质，如图 5.1 和图 5.2 所示。智能材质含有生成器预设，效果呈现更快捷。

如图 5.3 所示，从材质栏里选择合适的材质球拖曳到模型上，或者拖曳到图层中。Materials 材质不附带生成器，只是单纯的材质球，但是 Smart Materials 智能材质球附带生成器，可以快捷使用。

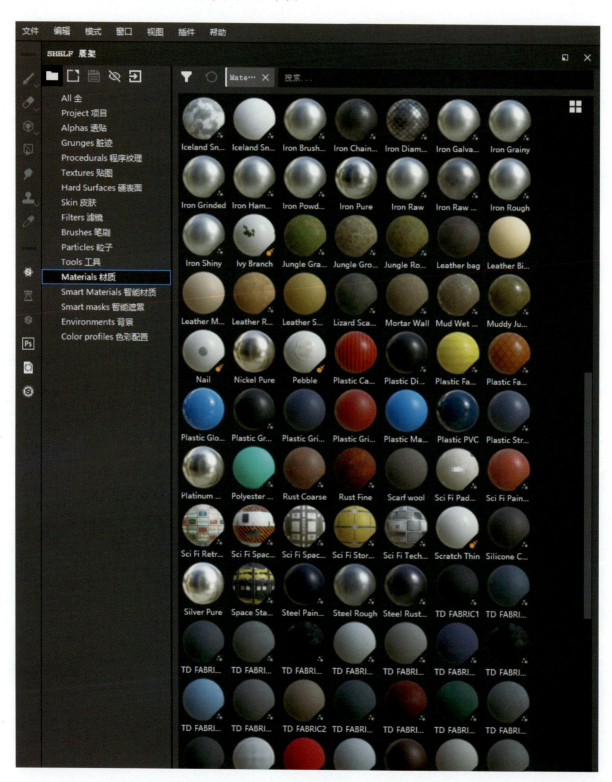

图 5.1　Materials 材质

第5章 金属类PBR材质制作

图 5.2　Smart Materials 智能材质

图5.3 Substance Painter 图层

可以在展架的搜索栏输入需要的材质球名称。例如Substance Painter 自带的金属材质球前缀名称是 Iron，可以在搜索栏输入"iron"，这样就能发现所有前缀带 Iron 的材质球了，如图5.4所示。

图5.4 快捷搜索材质球

拖曳 Iron Raw 金属材质球至图层，如图 5.5 所示。

图5.5 拖曳材质球至图层

如图5.6所示，普通的金属材质球可以直接调节其固有色与 Roughness 值，如果不需要高度或者凹凸信息，可以关闭 nrm、height，这样其参数值将不会作用在模型贴图上。

图5.6 普通金属材质球参数信息

图5.7是添加了 Iron Raw 金属材质球的模型效果。

如图5.8所示，选择 Iron Brushed 材质球拖曳至图层。有些普通材质球会附带纹理效果，例如 Iron Brushed 材质球，如图5.9所示。可以观察到金属表面有拉丝纹理，还可以在参数调节器中进行调整，很方便使用。

第5章 金属类PBR材质制作

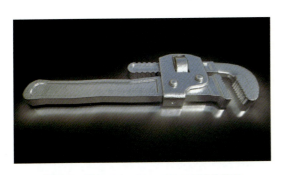

图 5.7 添加 Iron Raw 金属材质球效果

图 5.8 将 Iron Brushed 拖曳到图层

图 5.9 Iron Brushed 金属拉丝纹理材质球

在"UV 转换"中，旋转角度调整至 90°，贴图纹理也会发生变化，如图 5.10 和图 5.11 所示。0°~360°的旋转对应材质贴图的旋转，比例对应贴图纹理的大小，超过一定值或者小于一定值，图案效果会消失，可以自行调试。

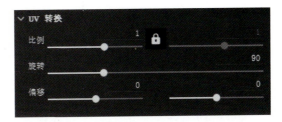

图 5.10 UV 转换

图 5.11 效果图

除了选择金属材质球外，还可以自己制作金属材质球。在图层中添加填充图层，添加黑色遮罩，选择需要制作效果的模型，如图 5.12 所示。

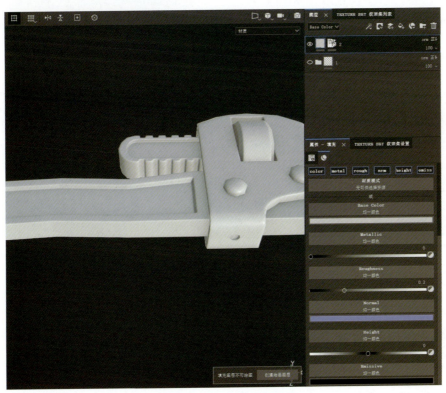

图 5.12 自己制作金属材质

调整 Metallic 与 Roughness 参数，Metallic 值越大，金属度越高；Roughness 值越低，粗糙度越低，如图 5.13 所示。粗糙度和折射率有关，越光滑的物体，折射率越高。

在左侧的展架栏中，Filters 滤镜中有一些调整金属纹理的滤镜，如图 5.14 所示。

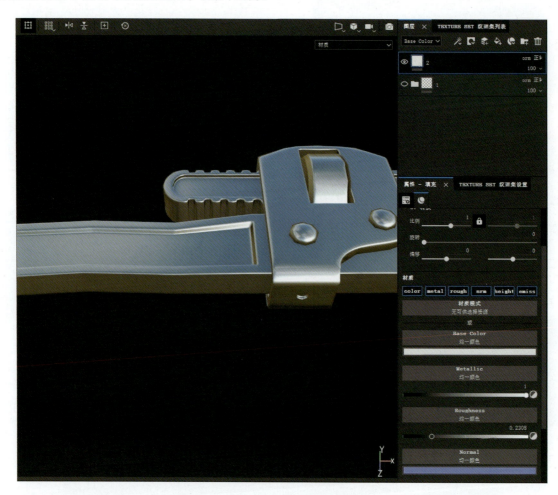

图 5.13　调整 Metallie 与 Roughness 参数

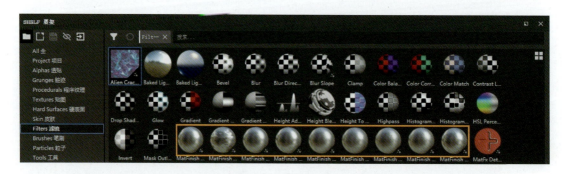

图 5.14　金属滤镜

将滤镜拖曳至填充图层的 Normal 处，可以调节贴图的比例、细节强度等参数信息，如图 5.15 所示。

图 5.16 是添加了 Matfinish Hammered 滤镜的效果，可以发现凹凸贴图的添加对整个模型的光影折射产生了影响。

图 5.17 是添加了 Matfinish Powder Coated 滤镜的效果。少了凹凸信息，多了些贴图纹理效果。

选择 Iron Old 智能材质球，其预设有部分生成器信息，方便调整与制作，如图 5.18 所示。

Iron Old 智能材质球中有两个图层信息：Iron 图层是基础金属材质，Edges 图层是模型边缘的磨损效果，如图 5.19 所示。

图 5.15　金属滤镜使用方法

图 5.16　添加 Matfinish Hammered 滤镜的效果

图 5.17　添加 Matfinish Powder Coated 滤镜的效果

图 5.18　智能材质球 Iron Old

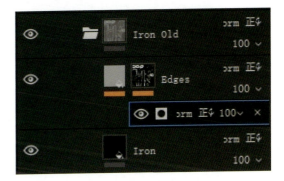

图 5.19　Iron Old 智能材质球与其自带的生成器

图 5.20　Iron Old 智能材质关闭磨损图层效果

图 5.21　Iron Old 智能材质打开磨损图层效果

图 5.20 所示是关闭了 Edges 图层的金属效果，可以看到边缘很新，没有任何磨损。

图 5.21 是打开了磨损图层的效果，可以看到在模型的边缘产生了一些磨损效果。

添加了基础金属材质后，给不同的部位添加颜色属性，模型的把手和把扣部分添加各自的固有色材质。选择塑料材质球，模拟包裹在模型外部的喷漆，如图 5.22 所示。也可以在图层中添加一个填充图层，通过右下角的属性调节器调整材质的参数。可以把 Metallic（金属度）调低、Roughness（粗糙度）调高来模拟塑料或者喷漆材质，如图 5.23 所示。

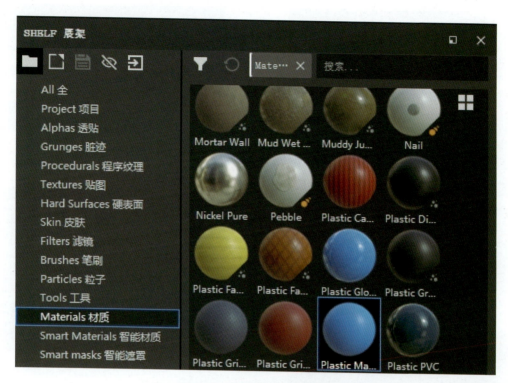

图5.22 选择塑料类型材质球

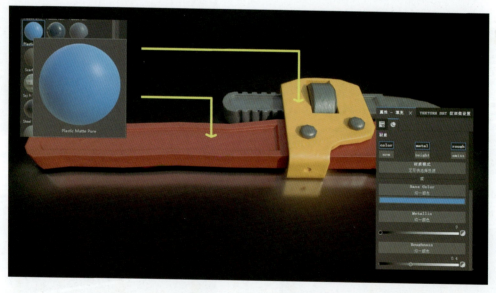

图5.23 添加固有色材质

制作防滑纹路的方法有很多,首先可以利用Procedurals 程序纹理来制作。新建文件夹遮罩与填充图层遮罩,选择遮罩增加填充,在填充底部的灰度栏grayscale处添加纹理图,可以选择"tile Gener",添加完成后,调整比例值与凹凸参数即可,如图5.24所示。

图5.25是制作的防滑纹路效果。将其放置在金属材质图层的下一层,凹凸效果会呈现出来。

除了自己使用程序贴图制作外,还可以从材质栏中找到网格形状的材质球,如 Iron Diamond Armor 材质球,如图5.26所示。

第5章 金属类PBR材质制作

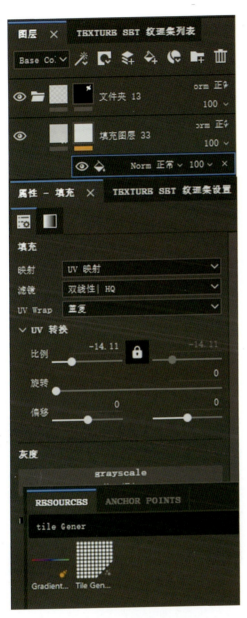

图 5.24 制作防滑纹路效果参数　　　　图 5.25 自己制作的防滑纹路效果

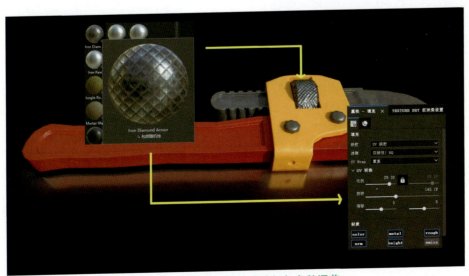

图 5.26 防滑纹理材质球选择与参数调节

※ 5.2 金属特征的变化与添加

打开 Iron Old 智能材质球的 Edges 图层，可以看到模型产生了一些磨损效果，如图 5.27 所示。

图 5.27 打开 Iron Old 智能材质球的 Edges 图层

主要的调节参数有两个：磨损程度，数值越高，磨损程度越大；磨损对比度，数值越高，磨损程度越清晰。其他参数可以根据自己的需要尝试调节，如图 5.28 所示。

图 5.28 Edges 图层生成器参数调节

新建 red 文件夹，如图 5.29 所示。

图 5.29 新建 red 文件夹

添加黑色遮罩，如图 5.30 所示。

图 5.30 添加黑色遮罩

在文件夹里添加塑料材质球，或者选择光泽度较低的材质球，来模拟扳手握把部分的喷漆材质，如图 5.31 所示。

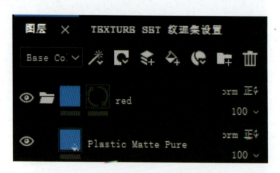

图 5.31 添加塑料材质球

在属性栏的颜色框中单击，更换材质球颜色，如图 5.32 所示。

图 5.32 调整材质球颜色

第5章 金属类PBR材质制作

为材质球添加黑色遮罩，如图 5.33 所示。

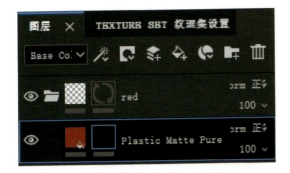

图 5.33　材质球添加遮罩

单击文件夹遮罩，按数字键4，出现填充属性，填充方式选择模型填充，模型需要制作效果的部位为握把部位，如图 5.34 所示。

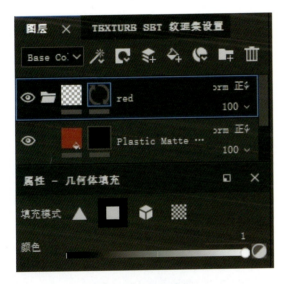

图 5.34　遮罩填充

日常生活中，有些新的金属工具外部会有一层喷漆。但是随着时间的推移，工具的外部喷漆会渐渐产生磨损，所以喷漆和金属之间就会产生一种相互的关系。给这两个固有色图层新建黑色遮罩，右击遮罩，选择"填充"，然后在底部的生成器处添加 Mask Editor 滤镜，如图 5.35 所示。

图 5.35　固有色添加 Mask Editor 滤镜

除了添加滤镜，也可以选择智能遮罩，直接将其拖曳到固有色图层中即可，如图 5.36 所示。

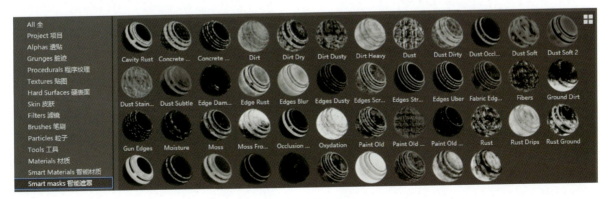

图 5.36　智能遮罩

为固有色材质添加磨损效果，如图 5.37 所示。

图 5.37　为固有色材质添加磨损效果

※ 5.3　细节旧化的处理

工具使用久了，会有污渍、锈迹、氧化等痕迹。图 5.38 是已经做旧的效果图。

图 5.38　模型做旧处理

材质栏里有很多预设好锈迹贴图的材质球，可以直接使用，如图 5.39 所示。

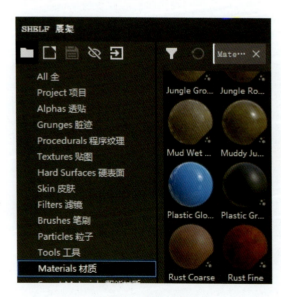

图 5.39　锈迹材质球

图 5.40 所示是模型做旧处理的部分过程图。

图 5.40　模型做旧处理的部分过程

添加生成器，制作模型表面的锈迹，如图 5.41 所示。

图 5.41　模型添加锈迹

在进行模型旧化处理时，除了可以添加物体本身的细节外，也可以添加来自模型外部的一些细节，比如灰尘、污渍等，如图 5.42 所示。

图 5.42　模型添加油渍

新建文件夹，添加遮罩，选择制作效果的模型部位。需要注意的是，油渍是覆盖物，是有一定厚度的，调节 Height 参数，增加其厚度。参数调节如图 5.43 所示。

5.4 带有说服力的艺术细化

最后可以丰富一下模型的细节，在模型的某些地方添加一些破损效果，如图 5.44 所示。

图 5.44　添加破损

在进行艺术细化时，可以在 Alphas 透贴面板或者 Hard Surfaces 硬表面面板里寻找合适的笔刷透贴，如图 5.45 所示。

笔刷栏里的 Basic Hard 和 Basic Soft 是常用的标准笔刷，如图 5.46 所示。

建立一个填充图层，建立黑色遮罩，在遮罩里绘制一个纯色的涂鸦形状，如图 5.47 和图 5.48 所示。

在绘制时，按住 Shift 键，单击可以绘制直线。

在填充图层上右击，添加绘画工具，如图 5.49 所示。

这样就可以直接在该图层中进行绘画，如图 5.50 所示。

图 5.43　油渍图层参数

图 5.45　艺术细化部分参数操作（1）

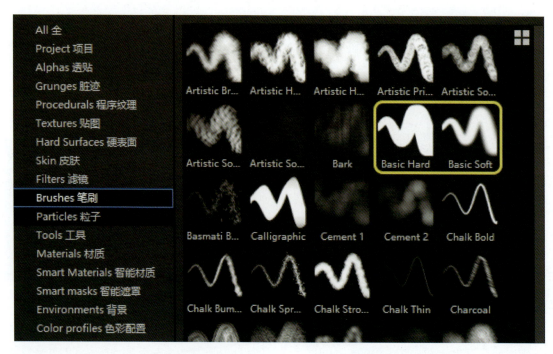

图 5.46 艺术细化部分参数操作（2）

图 5.47 新建填充图层

图 5.48 绘制涂鸦

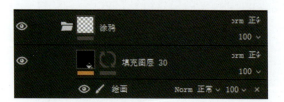

图 5.49 添加绘画工具

图 5.50 直接在图层中绘画

图 5.51 绘制涂鸦边框

图 5.52 涂鸦效果完成

根据涂鸦形状，用硬笔刷绘制一个白色边框，丰富涂鸦内容，如图 5.51 所示。

涂鸦如果需要旧化效果，则将涂鸦图层放置在旧化处理图层的下方，这样才能被旧化细节覆盖，效果更加融合，如图 5.52 所示。

继续丰富作品,在模型上添加自己的想法,例如贴纸印花、模型自身的一些钢印等,如图 5.53 所示。

图 5.53 最终效果

第 6 章
布料类 PBR 材质制作

※ 6.1 特殊 Alpha 贴图的制作

制作布料类 PBR 材质的最终效果如图 6.1 所示。

图 6.1 维多利亚风格服装的最终效果

注意，在开始制作布料 PBR 材质之前，应该准备已经拆分好贴图坐标的低模模型、已经渲染出低模贴图坐标的 UV 贴图，以及已经把低模模型和服装的高模模型烘焙好的法线贴图。如果缺少烘焙的 AO 阴影和边线贴图，则可以在 Substance Painter 软件中进行转换。

搜集一些贴图使用的素材，这些素材将被使用在布料之上，为布料增加非常多的细节，如图 6.2 所示。在材料的搜集上，至少要获得三种不一样的图案。

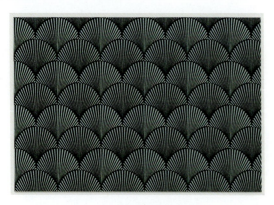

图 6.2 搜集到的贴图素材

将搜集到的素材转换成黑白图片，如图 6.3 所示。

图 6.3 将素材黑白化处理

另外需要注意的是，搜集到的素材尽量是连续性的贴图，如图 6.4 所示。连续性的贴图一般有两种：四方连续和二方连续。四方连续的贴图是上、下、左、右复制都可以无缝拼接，而二方连续贴图只有一个方向上可以无缝拼接。

图 6.4 连续性的贴图

贴图的清晰度并不是越大越好，并不需要将一张非常巨大的纹理贴图导入项目中。如果纹理是重复的，只要保留它重复的部分就可以了，可以在计算机中设置它的重复次数。这样就可以发现图片的重复规律，只需要对图片进行裁切，保留需要重复的部分就可以了，如图 6.5 所示。这样既可以减小图片的容量，又可以节省计算机运算的负担。

对于裁切之后的四方连续贴图，需要检查一下上、下、左、右是否能够衔接，如图 6.6 所示。

第6章 布料类PBR材质制作

图 6.5 裁切纹理贴图

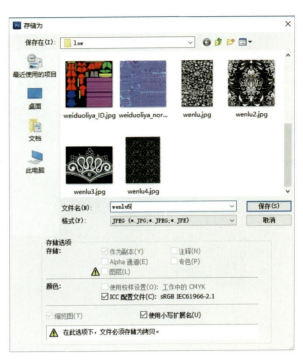

图 6.7 储存纹理贴图

图 6.6 裁切之后的检查

图 6.8 制作 ID 贴图

当设置好纹理贴图之后，就可以将它储存了，如图 6.7 所示。

除了纹理贴图之外，ID 贴图也非常重要。ID 贴图是为了区分布料上的不同材质。建议将贴图坐标图片渲染成 PNG 格式，然后将其导入 Photoshop 中，利用选区的方式绘制出 ID 区域。最后为不同的区块填充不同的颜色，每一种颜色代表一种材质，如图 6.8 所示。

还需要做更细的效果，才能让布料看起来更加真实和丰富。例如希望在末端产生一片包边，不至于让布料在边缘处割裂感太严重。这时就利用矩形框卷出一块包边的区域，并且用颜料桶选中包边，把想要的颜色填充进去，如图 6.9 所示。

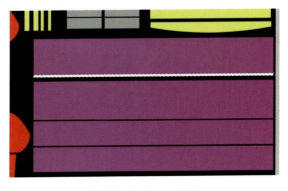

图 6.9 细化 ID 贴图

为了不让包边材质溢出布料之外，可以在当前的图层中添加一个向下蒙版，如图6.10所示。

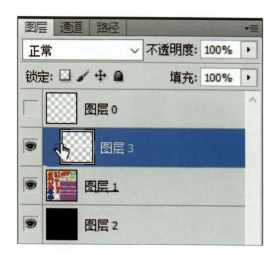

图6.10 向下蒙版

以上操作方式比较适合横平竖直的区域，对曲线部分做包边比较困难，这时可以用魔术棒的方式选中需要做包边的区域，如图6.11所示。

图6.11 选择选区

将魔术棒切换为矩形框选择工具，在选区上单击鼠标右键，在右键选项中找到"描边"选项，对当前的选区进行描边的操作，如图6.12所示。

找到了选区之后，可以对描边设置参数，如图6.13所示。

描边效果如图6.14所示。

选中不需要的边界部分，按删除键删除，如图6.15所示。

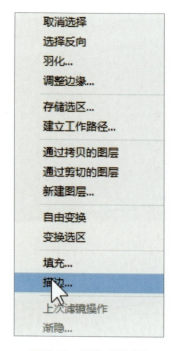

图6.12 选择"描边"

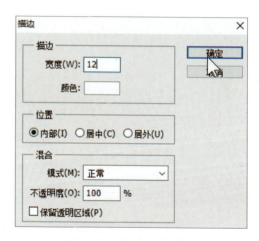

图6.13 设置描边的参数

图6.14 描边效果

第6章　布料类PBR材质制作

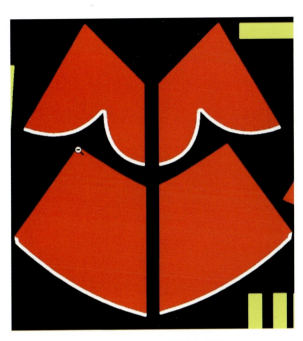

图 6.15　去除不需要的边界

接着可以使用相同的方法为布料的其他部分制作包边，如图 6.16 所示。

图 6.16　为布料的其他部分制作包边

打开三维引擎 Marmoset Toolbag 3，使用默认的材质球将 ID 贴图直接添加到 Albedo 固有色的通道上，如图 6.17 所示。

将低模导入引擎中，并且将带有 ID 贴图的材质球赋到低模模型上，如图 6.18 所示。

制作蕾丝边专用的贴图，如图 6.19 所示。

导入蕾丝边的贴图之后，可以对其进行缩放并复制粘贴，以确保它能够覆盖整条蕾丝边的 ID 区域，如图 6.20 所示。

图 6.17　将 ID 贴图当作固有色导入

图 6.18　将材质全部移到模型之上

图 6.19 制作蕾丝边专用的贴图

图 6.21 查看效果

图 6.20 缩放蕾丝边贴图并进行复制粘贴

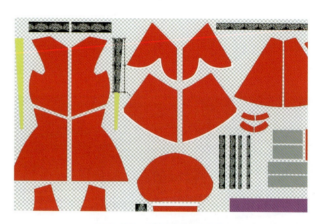

图 6.22 复制所有蕾丝边

图 6.23 粘贴后的效果

直接将蕾丝边的效果储存在 ID 贴图之上,这样可以立即切换回三维引擎来查看蕾丝边在模型上显示的效果是否正确,如图 6.21 所示。

复制所有的蕾丝边,如图 6.22 所示。

所有的蕾丝边的区域已经粘贴上了蕾丝边的花纹,如图 6.23 所示。

单独储存蕾丝边的贴图,如图 6.24 所示。

将贴图储存为 JPEG 图片格式,如图 6.25 所示。

回到 ID 贴图,继续细化 ID 贴图的区域,如图 6.26 所示。

最后整体检查一下制作好的 ID 贴图,如图 6.27 所示。

图 6.24　单独储存蕾丝边贴图

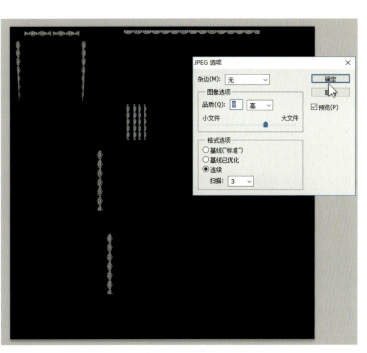

图 6.25　将贴图储存为 JPEG 图片格式

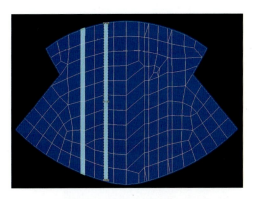

图 6.26　细化 ID 贴图的区域

最终效果如图 6.28 所示。

图 6.27　整体检查 ID 贴图

图 6.28　在三维中查看 ID 贴图的效果

※ 6.2 多种材质的交互塑造

将低模的模型、烘焙好的法线贴图、ID贴图和所有的花纹导入Substance Painter软件中，如图6.29所示。

添加一个基础的填充图层，如图6.30所示。

添加图层后，发现模型并没有太大的变化，如图6.31所示。

修改图层的粗糙度，如图6.32所示。

在适当的情况之下，可以增加一些金属度效果，如图6.33所示。

布料涂层的固有色是整个布料的精髓，因为很多情况下，布料的固有色会影响人们对这个布料材质的判断。例如，深蓝色会认为是牛仔裤，双褐色会认为是皮革，所以固有色对布料材质的表现也会有很大的影响。

将物料调整为较浅的中黄色，如图6.34所示。

调整了固有色之后，布料显得更加高级一些，如图6.35所示。

增加一个新的图层，如图6.36所示。

图6.29　将所需资源导入Substance Painter中

第6章 布料类PBR材质制作

图 6.30 添加一个填充图层

图 6.33 修改粗糙度和增加金属度后的效果

图 6.31 观察效果

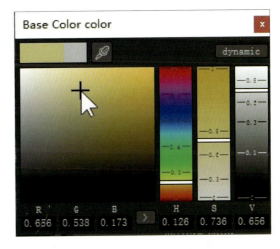

图 6.34 修改固有色

图 6.32 修改粗糙度

图 6.35 观察效果

图 6.36 增加一个新的图层

增加新图层的效果如图 6.37 所示。

图 6.37 增加新图层的效果

给新添加的图层添加一个黑色遮罩。

给当前的遮罩添加一个填充修改器，用制作好的花纹贴图作为需要显示布料的区域，如图 6.38 所示。

图 6.38 填充修改器

单击"File"菜单，选择"Import resources"，将需要用到的花纹贴图导入软件中，如图 6.39 所示。

图 6.39 导入花纹贴图

在"Import resources"界面单击"Add resources"，对需要添加的花纹纹理文件进行浏览，如图 6.40 所示。

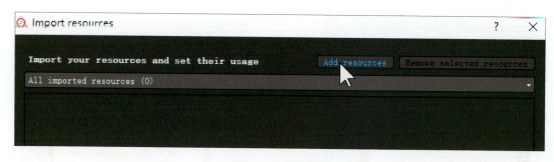

图 6.40 添加资源

在资源管理器界面中找到需要添加的花纹贴图文件，如果需要添加多张贴图，可以选中多张贴图一起导入当前的项目中，如图 6.41 所示。

在导入资源的选项中，并不能一次性就导入所有的图片，还需要设置图片的类型。一般情况下，选择图片的类型是"texture"或"alpha"，这两种类型都可以被使用在填充修改器中，如图 6.42 所示。

在导入的选项中，选择导入当前的项目，如图 6.43 所示。

第6章 布料类PBR材质制作

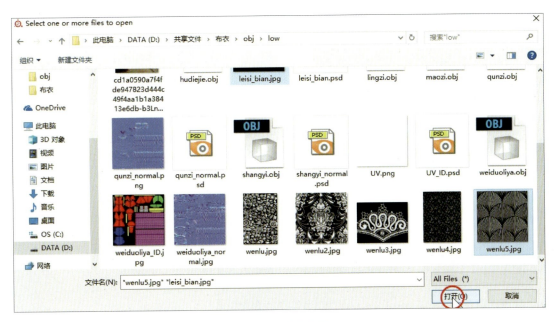

图 6.41 浏览贴图

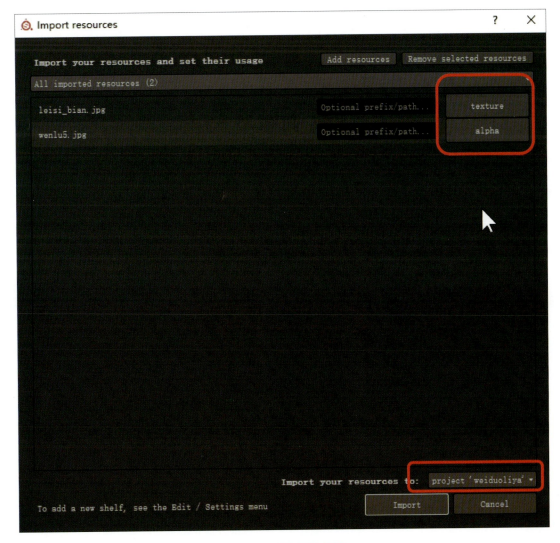

图 6.42 选择图片类型

图 6.43　在资源库中查找

单击刚刚添加的填充修改器，选择想要添加的纹理图片，如图 6.44 所示。

这里为第 2 个图层选择纹理 5 贴图。

可以按 Alt 键的同时单击当前图层的遮罩部分，直接查看遮罩的效果，如图 6.45 所示。

现在的纹理的精细度并不符合预期，在填充图层修改器的属性中修改 UV 的重复率。理论上，UV 的重复率越高，它的贴图重复次数就越多，呈现的贴图的精细度也就越细腻。这里可以将重复率调整到 9 左右，如图 6.46 所示。

修改重复率之后的效果，如图 6.47 所示。

图 6.44　选择正确的纹理贴图

图 6.45　查看遮罩的效果

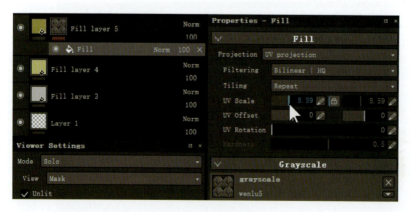

图 6.46　修改重复率

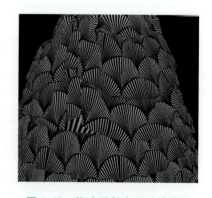

图 6.47　修改重复率之后的效果

继续修改图层的属性，例如将新的图层的金属度和光滑度增强，这样可以让图层看起来更加光鲜亮丽，甚至带有金属贴片的感觉。

为了让它看起来更立体，可以增加高度，将高度调整到 0.05，如图 6.48 所示。

修改了第 2 个图层的参数之后，布料的华丽程度大大上升，如图 6.49 所示。

单击"填充修改器"来更换纹理，查看不同纹理下呈现的布料效果，如图 6.50 所示。

第6章 布料类PBR材质制作

图6.48 细化图层属性

图6.49 修改参数后的效果

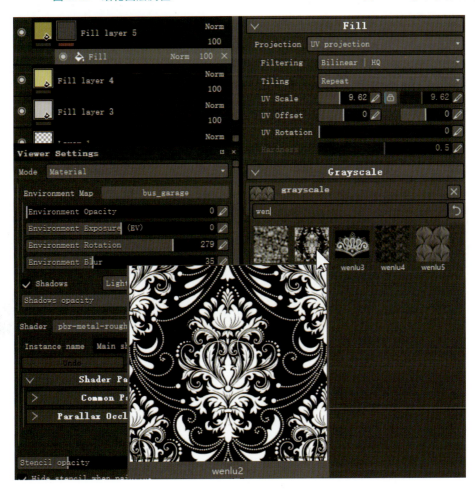

图6.50 更换纹理

不同的纹理呈现的布料效果截然不同，尤其是在纹理的华丽度和重复率上，效果差异非常大，如图6.51所示。

图6.51 纹理更换后的效果

图6.52 观察整体模型的效果

※ 6.3 材质与材质之间的关系

根据整体模型的效果，发现仅有一种布料是远远不够的，还需要制作其他的物料，才能够丰富整个服装的细节，如图6.52所示。

建立一个文件夹，将布料图层整理到一起。新建一个图层文件夹，将制作好的布料图层拖曳到新建的文件夹中，并且对其进行命名，如图6.53所示。

图6.53 对布料图层进行命名

在文件夹的图层上添加一个黑色遮罩。单击右键，选择ID色彩选项，在ID色彩选项中拾取对应布料的颜色，这样布料只在正确的区域显示，如图6.54所示。

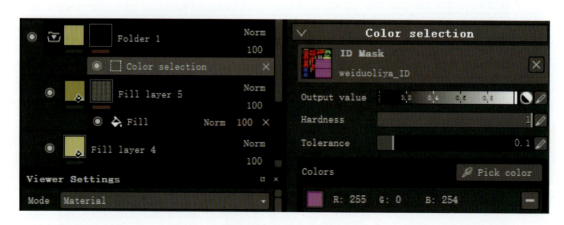

图6.54 添加ID选区

在吸取颜色时，可以观察到ID选区在整个模型上显示的效果。只希望在洋红色的部分显示出当前布料的状态，所以直接使用滴管拾取洋红色部分的颜色即可，如图6.55所示。

第6章 布料类PBR材质制作

图6.55 拾取洋红色

通过ID的设置之后，布料正确地显示在了裙摆之上，如图6.56所示。

图6.56 观察ID选区效果

为了让布料拥有更多的细节，还可以在布料层图层上添加纹理图层，这个图层并不影响其他的属性，它只显示法线凹凸。这样就可以给布料涂层增加一定的肌理，而不是完全的色彩过渡，如图6.57所示。

图6.57 添加布纹肌理

观察布料的纹理是否符合布料的走向，以及纹理的大小是否合适，如图6.58所示。

图6.58 观察布纹效果

如果想要让布料看起来更加复杂，还可以增加第2层纹理图层，如图6.59所示。

图6.59 增加第2层纹理

增加了两层纹理之后的布料已经非常华丽了，如图6.60所示。适当控制几个图层的透明度，来分清它们的组织关系。

复制完整的布料文件夹，将它们运用到其他的ID区域，如图6.61所示。

为了更好地区分和进行整理资源，对不同的文件夹进行命名，以方便查找每个文件夹的功能，如图6.62所示。

某些情况下，会发现添加的纹理形状有一些变形，如图6.63所示。解决方法为：调整纹理贴图本身；修改低模的贴图坐标；在填充修改器的属性中修改贴图纹理的重复次数。但实际上，这个贴图纹理的重复次数在横向和纵向上是锁定比例的。单击"加锁"按钮取消锁定比例，这样就可以控制横向上的比例和纵向上的比例，通过横向上和纵向上不同的比例来修改纹理图层的变形情况，如图6.64所示。

图 6.60　两层纹理的效果

图 6.63　新的花纹有所变形

图 6.61　复制并添加图层

图 6.64　修改花纹的缩放比例

图 6.62　对文件夹进行命名

如果一个贴图的纹理在视觉上看起来太扁或者太长，就可以修改它的横向或者纵向的比例，如图6.65所示。

还可以创建全新的彩色球选区，为布料制作包边效果，如图6.66所示。

拾取包边部分的白色区域，如图6.67所示。

第6章 布料类PBR材质制作

图6.65 比例修改后的效果

图6.66 添加新的选区

图6.67 拾取包边部分

可以去掉新添加的包边材质的纹理，这样可以让包边看起来更像是织带类型的材质布料，如图6.68所示。

命名好各个图层的文件夹的名字，以便于在后续进行正常的维护和修改，如图6.69所示。

图6.68 单独控制包边材质

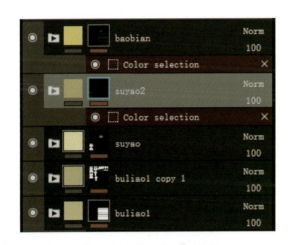

图6.69 按照部位进行命名

※ 6.4 半透明与通道的关系

现在制作比较特殊的蕾丝边布料的材质效果。先添加一个填充图层，作为蕾丝边布料的基础图层，如图6.70所示。

图6.70 添加蕾丝边图层

由于制作的蕾丝边布料是要拥有半透明效果的，因此为材质球贴图通道增加一个全新的透明度通道，如图6.71所示。

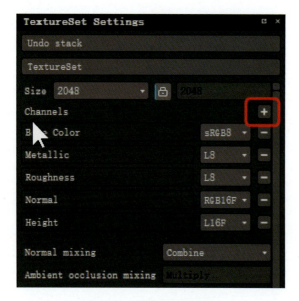

图 6.71 添加透明度通道

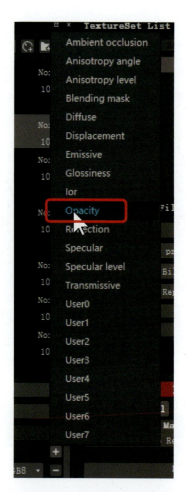

单击"+"按钮后，出现能够添加的新通道，如图 6.72 所示。

添加了透明度通道之后，会发现图层的通道属性中多了一个新的属性。在这个新的属性上，既可以添加贴图，也可以直接通过透明度通道的黑白颜色强度来控制当前图层的透明度内容，如图 6.73 所示。

图 6.72 选择正确的通道

图 6.73 降低透明度

当降低了透明通道的色彩亮度之后，会发现呈现出了半透明的效果，如图 6.74 所示。

继续添加新的图层，因为仅有半透明的布料质感还不够，还需要在半透明的布料质感上增加蕾丝边的效果，如图 6.75 所示。

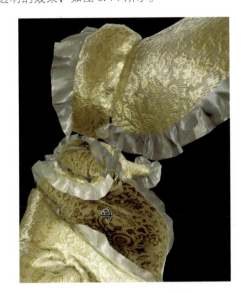

图 6.74　图层半透明效果

图 6.75　增加新的蕾丝图层

单击"填充修改器"，为填充修改器添加之前制作好的专用蕾丝花纹，这样才能让模型的蕾丝部分显示出正确的蕾丝效果，如图 6.76 所示。

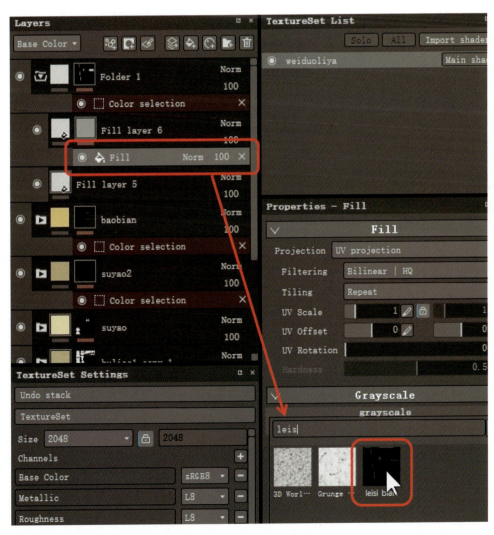

图 6.76　选择专用蕾丝花纹

确认填充的花纹的重复率。默认情况下，花纹重复率为3，这样会导致花纹与模型对应不上，设置花纹的重复率为1，如图6.77所示。

图6.77 确认重复率

添加了蕾丝边的花纹之后，从模型上观察一下效果，如图6.78所示。

图6.78 观察花纹显示情况

为了让蕾丝边纹理看起来更加明显，可以直接在图层的属性中增加它的高度。将高度设置为0.05，如图6.79所示。

增加了高度之后，蕾丝边的纹理已经从布料上凸显出来了，如图6.80所示。

图6.79 增加适当的高度

图6.80 增加高度后的效果

为了让蕾丝边的材料和底部的图层材料区别开来，还可以在蕾丝边的固有色上做一些调整，如图6.81所示。

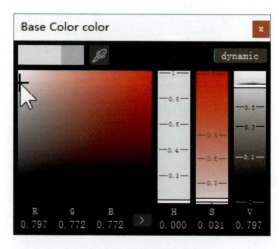

图6.81 增强颜色亮度

调整了固有色的亮度之后，蕾丝边和底部图层有了非常明显的区别，这也会让蕾丝看起来更有层次感，如图6.82所示。

继续检查模型图层，发现在一些包边的边界上出现了一些不应该出现的白边，如图6.83所示。

快速的解决办法就是直接调整ID修改器的阈值，如图6.84所示。

图 6.82 增强亮度后的效果

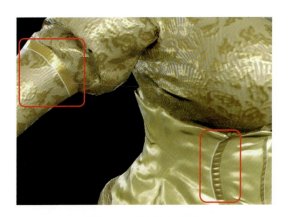
图 6.83 发现 ID 接缝

图 6.84 修改阈值

修改了 ID 区域的阈值后，产生边缘融化，不至于有非常多的边界出现，如图 6.85 所示。

图 6.85 修改阈值后的效果

为束腰部分选择皮革材质，如图 6.86 所示。

图 6.86 选择皮革材质

添加了皮革材质球之后，直接为这个材质球选择束腰区域的 ID 贴图，如图 6.87 所示。

使用滴管工具吸取束腰部分的色块颜色，如图 6.88 所示。

束腰显示出了正确的皮革效果，如图 6.89 所示。

在皮革效果图层的内部找到底部的主要图层，对其固有色做一定的修改，如图 6.90 所示。

图 6.87 选择束腰区域的 ID 贴图

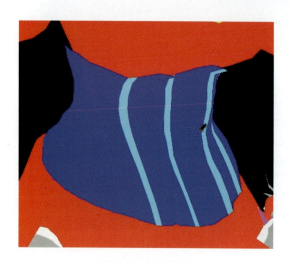

图 6.88 吸取颜色

图 6.90 适当修改固有色

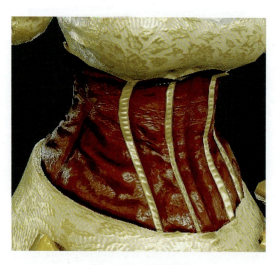

图 6.89 显示效果

图 6.91 整体观察模型

这样服装上的大部分材质就制作完成了，效果如图 6.91 所示。

在后续的课程中,可以将制作好的材质导出次时代贴图,并且将模型和次时代贴图一起在三维运行中进行展示,以获得最好的效果,如图 6.92 所示。

图 6.92 引擎渲染效果

第 7 章
复合型材质实战

※ 制作属于自己的材质球

图 7.1 所示为中国武将三维模型的最终效果图之一。可以看到在角色的身上有多种不同属性的材质发生了碰撞。

图 7.2 中国古代武将双人最终效果

图 7.1 中国古代武将最终效果

图 7.3 材质效果特写

如图 7.2 所示，材质之间相互重叠，并且材质和材质之间有着复杂的前后层次关系。

将材质正确地输出并导入引擎中，其效果特写如图 7.3 所示。

首先准备好所有的文件，包括模型的低模，以及多个材质球下的法线贴图和 ID 区域贴图。这里至少用到了三套材质，分别控制头盔、上半身和下半身的效果，如图 7.4 所示。

制作 ID 区域贴图，如图 7.5 所示。

分类 ID 区域的颜色，如图 7.6 所示。

第7章 复合型材质实战

图 7.4 准备好所需文件

图 7.5 制作 ID 区域贴图

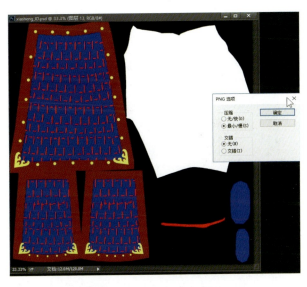

图 7.6 分类 ID 区域的颜色

制作面片部分的透明贴图，依然采用黑色透明、白色显示的方式，如图 7.7 所示。

检查各套贴图的所需文件，如图 7.8 所示。

添加分配好的所有贴图，如图 7.9 所示。
导入所需贴图，如图 7.10 所示。

图 7.7 面片部分的透明贴图

图 7.8 检查各套贴图的所需文件

图7.9　添加模型和烘焙的贴图

图7.10　导入所需贴图

在三维窗口中看到的模型如图7.11所示。模型只显示了正面，背面并没有显示出来。

图7.11　当前模型效果

观察材质球和模型对应的情况，如图7.12所示。

图7.12　观察材质球和模型对应的情况

为每一个模型添加属于自己的法线贴图及其他文件，如图7.13所示。

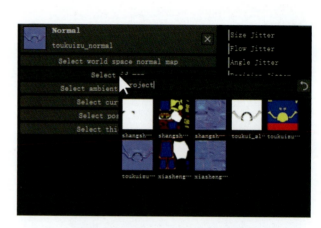

图7.13　为每一套材质导入贴图

在正确地设置所有的彩色球之后，就可以在三维窗口中看到模型的最终效果，如图7.14所示。

图7.14　全部导入后的效果

将注射器从普通的着色器修改为能够支持透明通道的着色器，如图7.15所示。

第7章 复合型材质实战

图 7.15 修改着色器为支持透明通道

修改了着色器之后,可以观察到模型背面也显示了,如图 7.16 所示。

增加透明度贴图通道,如图 7.17 所示。

图 7.16 成功双面显示

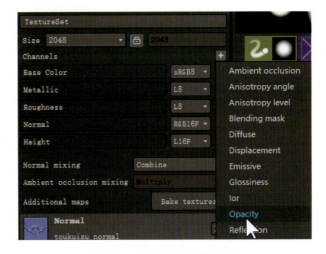

图 7.17 增加透明度贴图通道

为当前图层的透明度添加一个已经制作好的专用透明贴图,如图 7.18 和图 7.19 所示。

观察透明挖空效果,如图 7.20 所示。

修改贴图重复次数,如图 7.21 所示。修改后的效果如图 7.22 所示。

修改该材质球的固有色,将材质球的固有色条调暗,并且带上一点冷色调,如图 7.29 所示。

图 7.18　找到透明度通道

图 7.20　观察透明挖空效果

图 7.21　修改贴图重复次数

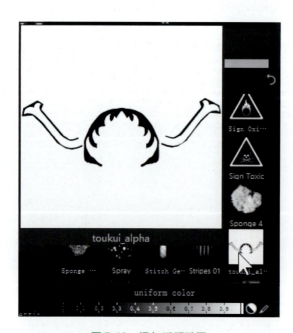

图 7.19　添加透明贴图

烘焙贴图,如图 7.23~图 7.26 所示。

选择一个盔甲的材质,准备添加到模型上,如图 7.27 所示。

将盔甲拖曳到图层上,如图 7.28 所示。

图 7.22　修改后的效果

第7章 复合型材质实战

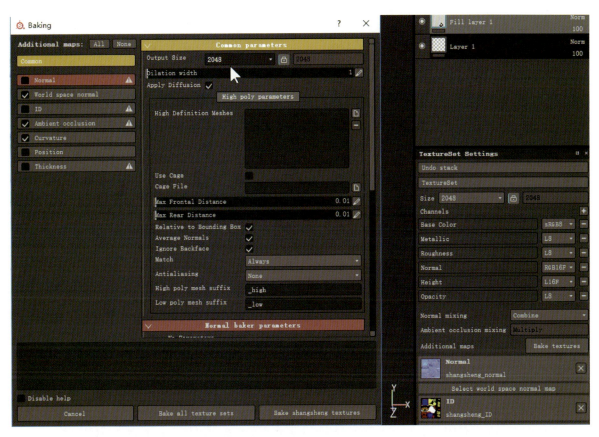

图 7.23　准备烘焙贴图

图 7.24　注意烘焙按钮

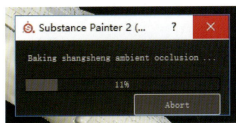

图 7.25　等待烘焙

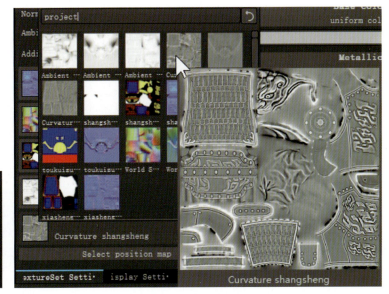

图 7.26　观察烘焙后的效果

图 7.27 盔甲材质球

图 7.28 铁甲材质的模型效果

图 7.29 改变铁甲颜色

在金属上制作边缘磨损和一些划痕,如图 7.30 所示。

继续添加材质球,这里选择风格化皮革智能材质球,将该皮革材质球添加到模型的图层上,如图 7.31 所示。

图 7.30 制作边缘磨损和一些划痕

图 7.31 新增皮革材质

这里需要注意的是，可以把皮革材质添加到金属材质球的上方，如图 7.32 所示。

图 7.32　将皮革添加到图层

添加了皮革材质球之后的模型效果如图 7.33 所示。

图 7.33　添加皮革的效果

添加一个 ID 贴图选择区域，如图 7.34 所示。

图 7.34　添加一个 ID 贴图选择区域

在 ID 贴图选择区域的属性中，单击"拾取颜色"按钮，如图 7.35 所示。

图 7.35　拾取颜色

拾取棕褐色的 ID 区域，如图 7.36 所示。

图 7.36　拾取棕褐色的 ID 区域

盔甲上所有的包边都显示出了皮革的颜色，如图 7.37 所示。

图 7.37　盔甲包边显示皮革颜色

添加铜甲材质球，如图 7.38 所示。

在添加了铜甲材质球后，效果如图 7.39 所示。

继续利用相同的方式为铜甲材质添加正确的显示区域，如图 7.40 所示。

图 7.38 铜甲材质球

图 7.40 区域划分后效果

图 7.39 铜甲全身效果

制作绳子效果，如图 7.41 所示。

绳子部分显示出了红色的彩色球效果，如图 7.42 所示。

为角色添加一个布料肌理的基础材质，如图 7.43 所示。

新建文件夹，如图 7.44 所示。

图 7.41 制作绳子效果

第7章 复合型材质实战

图 7.42 附加绳子

图 7.45 拖曳归档

图 7.43 添加布料效果

图 7.46 命名文件夹

图 7.44 新建文件夹

选择多个图层,并将其拖曳到刚刚新建的文件夹中,如图 7.45 所示。

对文件夹进行正确的命名,如图 7.46 所示。

复制材质,如图 7.47 所示。

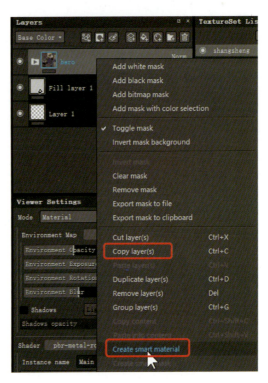

图 7.47 复制材质

粘贴，如图 7.48 所示。

复制后的效果如图 7.49 所示。

用相同的方法将材质复制到下半身，如图 7.50 所示。

图 7.48　粘贴

图 7.49　复制后的效果

图 7.50　下半身效果

手动制作一些透明贴图的材质，为毛发增加质感，如图 7.51 所示。

新建一个图层，使用自由操作工具简单地勾画出一段毛发的形状，如图 7.52 所示。

使用颜料桶工具或者大尺寸的画笔工具将这个区域填充好颜色，如图 7.53 所示。

用柔边的笔刷吸取暗部的颜色，并且在毛发的顶部和底部进行绘制，这样能够增加毛发的起伏感，如图 7.54 所示。

使用相同的方式在毛发的中间部分使用亮部的色调进行绘制，这时笔刷尺寸小一些，以增强整体毛发的凸起感觉，如图 7.55 所示。

使用涂抹工具进行毛发感的绘制，这里继续使用柔边的笔刷，但是使用较小尺寸，涂抹强度 60% 以上，沿毛发的生长方向进行涂抹，增加毛发效果，如图 7.56 所示。

图 7.51　毛发色块

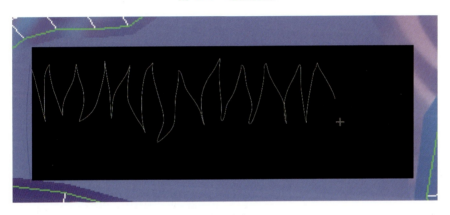

图 7.52　毛发选区

图 7.53　毛发填充

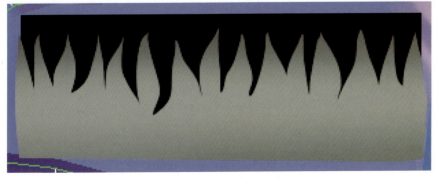

图 7.54　毛发暗部

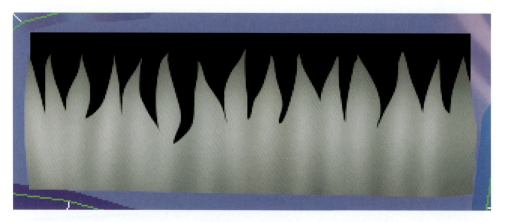

图 7.55　毛发亮部

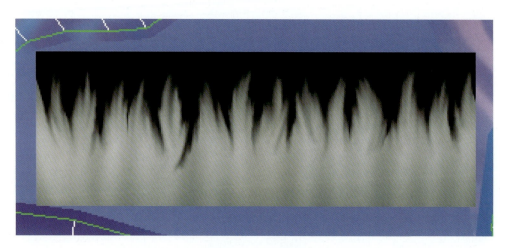

图 7.56　毛发涂抹

适当调亮颜色，绘制出一些点缀的发丝，如图 7.57 所示。

将黑白亮度贴图转换成法线贴图的凹凸效果，如图 7.58 所示。

效果如图 7.59 所示。

如果制作的毛发贴图需要重复使用，还需要把贴图制作成二方连续贴图。这里复制一下毛发，新建一个文档粘贴毛发，如图 7.60 所示。

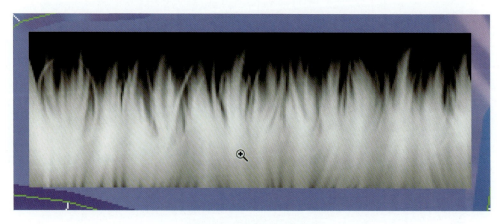

图 7.57　增加毛发细节

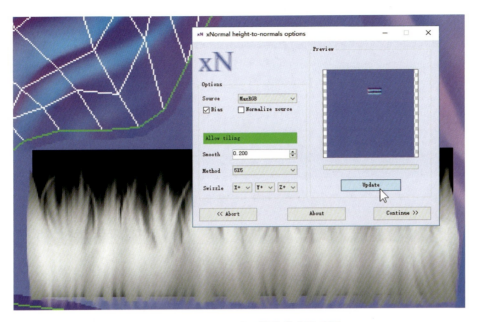

图7.58 黑白亮度贴图转换成法线贴图

图7.59 转换后的效果

图7.60 标记位置

贴图左右衔接时会出现接缝，可以使用默认的位移滤镜对毛发进行位移，将左右两侧的接缝位移到画布的中间，如图7.61所示。

现在接缝就在画布中间了，可以使用图章工具把中间暴露出来的接缝修复掉，如图7.62所示。

在3ds Max软件中制作毛发的面片模型，如图7.63所示。

将毛发面片模型的UV坐标进行合理摆放，如图7.64所示。

图 7.61　位移修改

图 7.62　修补接缝

图 7.63　制作面片

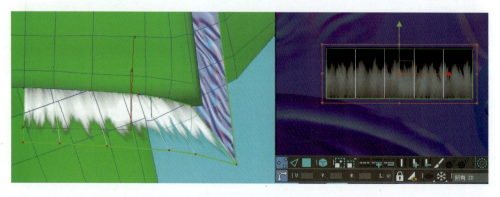

图 7.64　摆放坐标

由于模型本身由多个线段组成，所以移动UV贴图坐标时可以进行分割，将三段切开的UV重叠在一起，一起使用一段毛发贴图。又因为这个毛发贴图是左右二方连续的，所以不会产生接缝，如图7.65所示。

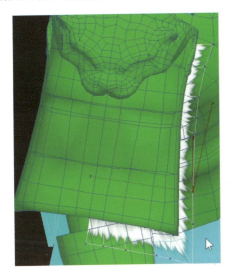

图7.65　毛发整体效果

回到Substance Painter中，对模型的质感、细节，尤其是配色做修改和优化，如图7.66所示。

图7.66　修改配色

选择一个新的模型准备导入，如图7.67所示。

图7.67　导入模型

找到从3ds Max中导出的带有毛发贴图的模型，如图7.68所示。

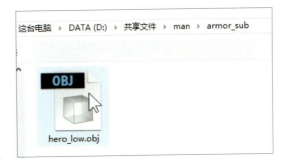

图7.68　查找模型

单击"OK"按钮导入模型，如图7.69所示。

图7.69　确定设置

更新后，新的模型已经带有毛发面片了，如图7.70所示。

图7.70　模型更新后效果

单击右键，选择"Reload"进行更新，即可刷新贴图结果，如图7.71所示。

图7.71　刷新贴图

贴图通道中的贴图需要手动强制刷新，如图 7.72 所示。

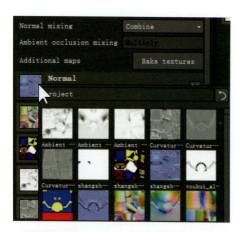

图 7.72　通道刷新

效果如图 7.73 所示。

图 7.73　观察效果

按照以上使用的方法，用相同的方式对 ID 区域贴图也进行更新，增加毛发位置区域，如图 7.74 所示。效果如图 7.75 所示。

图 7.74　更新 ID 贴图

更新透明通道贴图，如图 7.76 所示。效果如图 7.77 所示。

图 7.75　更新后的效果

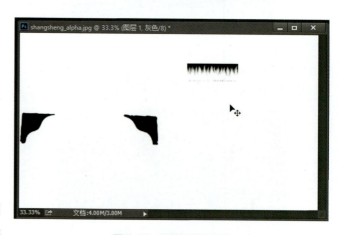

图 7.76　更新透明贴图

图 7.77　模型更新后的效果

给毛发适当地添加一些旧化，如图 7.78 所示。

图 7.78　模型旧化更新后效果

在 3ds Max 软件中，为脸部和手部模型添加专门的材质球，如图 7.79 所示。

图 7.80　模型整体效果

图 7.79　拆分模型材质球

将更新后的模型导入软件中，如图 7.80 所示。

在软件的材质球列表中，新增了脸部和手部材质，如图 7.81 所示。

图 7.81　材质球列表

将相关贴图导入 Substance Painter 中准备使用，如图 7.82 所示。

单击 "File" 菜单，在下拉菜单中选择 "Import resources"，如图 7.83 所示。

将之前已经制作好的贴图文件导入项目中，更改其类型，如图 7.84 所示。

图 7.82　贴图资源

图 7.83　导入资源

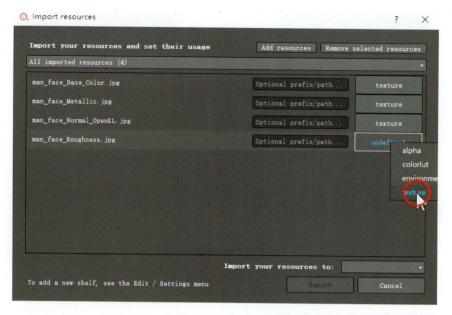

图 7.84　更改类型

脸部的法线贴图被添加到材质球的法线贴图通道中，如图 7.85 所示。

图 7.85　导入对应贴图

增加了法线贴图之后，模型显示出的细节效果如图 7.86 所示。

在图层列表中添加一个最基础的填充图层，用这个图层来承载剩下的贴图文件，如图 7.87 所示。

图 7.87　添加图层

在固有色、金属度、粗糙度通道上分别导入相关的贴图文件，如图 7.88 所示。

图 7.86　脸部细节效果

图 7.88　修改通道效果

脸部模型最终效果如图 7.89 所示。

图 7.89　脸部效果

对模型材质做一些质感和色彩风格上的调整，让角色看起来更加生动，如图 7.90 所示。

图 7.90　模型的全身配色

为布料部分添加一个皮革风格材质球，并且修改基础图层和磨白图层的颜色为红色，如图 7.91 所示。

下降几个图层的光滑度，避免出现像是皮革一般的光滑效果，哑光一些更接近布料的感觉，如图 7.92 所示。

为了增加布料的细节，可以增加一层布料细节材质，用于细化布料的表现。这里还需要调整贴图的重复次数，不要让纹理看起来太大，如图 7.93 所示。

图 7.91　皮革基础效果（1）

图 7.92　皮革基础效果（2）

图 7.93　肌理

最后将布纹的纹理叠加在皮革上，这样就获得了一个带有丰富变化细节的布料材质了，如图 7.94 所示。

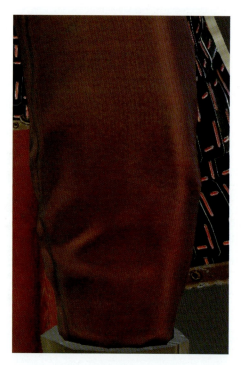

图 7.94 调整后的效果

也可以为其他盔甲部分的模型增加旧化的效果，如图 7.95 所示。

图 7.96 修改遮罩

图 7.97 修改遮罩

图 7.95 金属全身效果

添加了一个铁的材质之后，在智能遮罩列表中找到边缘磨损遮罩，直接将这个遮罩方式拖曳到材质球的文件夹图层上，如图 7.96 所示。

旧化的效果已遍布全身，但是效果过于夸张，需要进行调整，如图 7.97 所示。

按住 Alt + 鼠标左键单击遮罩的部分，单独显示遮罩观察效果，如图 7.98 所示。通过观察，发现强度超过了预期，需要修改遮罩器的属性，如图 7.99 所示。

图 7.98 遮罩效果不如预期

第7章 复合型材质实战

还希望旧化的部分少一些，所以增加一个填充修改器，在修改器中增加一张贴图，用于使黑白遮罩产生变化，如图 7.101 所示。

图 7.99 修改遮罩属性

通过参数的调整，削弱了旧化的强度，如图 7.100 所示。

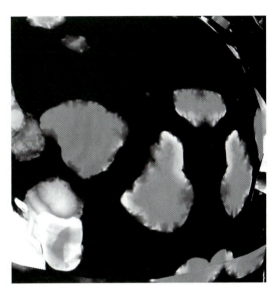

图 7.101 增加贴图

对新增加的填充修改器的叠加方式进行修改，保持底部遮罩修改器不变，把顶部填充修改器的叠加方式修改成正片叠底，如图 7.102 所示。

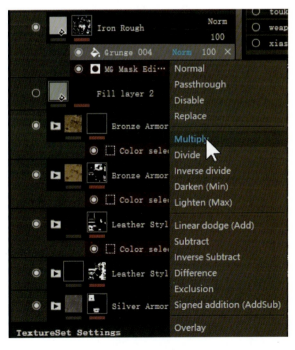

图 7.102 修改叠加方式

图 7.100 修改后的效果

两个修改器的效果进行了融合，如图 7.103 所示。
根据以上方法继续修改遮罩效果，直到满意为止，如图 7.104 所示。

图 7.103 融合后的效果（1）

图 7.104 融合后的效果（2）

新增加的旧化效果还可以修改图层的高度。降低旧化图层的高度，制作一些凹陷效果，如图 7.105 所示。

选择 "Move down" 或者 "Move up" 移动修改器的层次，如图 7.107 所示。

图 7.105 降低一点高度

金属的颗粒凹陷了以后，旧化感大大增强，如图 7.106 所示。

图 7.106 凹陷效果

图 7.107 下移修改器

在不同的通道显示效果中来回切换，如图 7.108 所示。

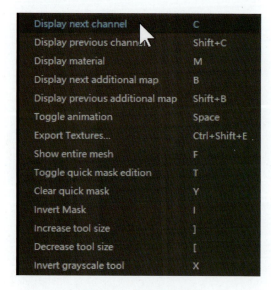

图 7.108 切换显示模式

固有色的效果如图 7.109 所示。

第7章 复合型材质实战

图7.109 固有色模式

切换回 PBR 材质的效果如图 7.110 所示。

图7.110 正常模式

还可以为模型材质添加尘土和旧化。添加一个基础的填充图层,并增加尘土智能遮罩,如图 7.111 所示。

图7.111 尘土旧化效果

找到尘土的基础图层,为该基础图层添加一点点高度,目的是使这些尘土更有体积感,如图 7.112 所示。

图7.112 增加高度

尘土增加了高度之后,效果比原本的颜色更加真实,如图 7.113 所示。

图7.113 尘土效果

尘土不应该出现的缝隙位置需要进行修正,如图 7.114 所示。

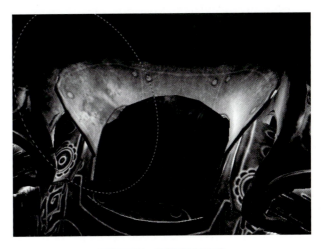

图7.114 错误遮罩区域

增加绘制修改器,如图 7.115 所示。

图7.115 增加绘制修改器

使用黑色的画笔在不应该出现尘土的位置进行绘制，如图 7.116 所示。

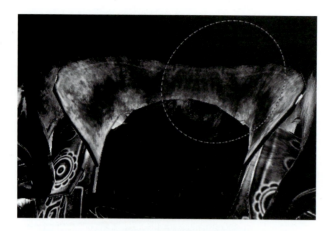

图 7.116　擦除错误的区域

除了三维视角之外，一些机构复杂、较深度的部分可以回到二维视角窗口中进行绘制，如图 7.117 所示。

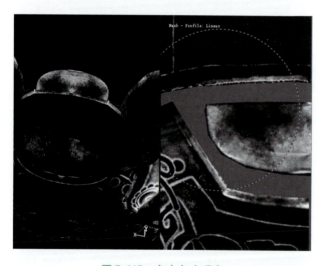

图 7.117　多个角度观察

图 7.118　增加油污

利用相同的方法继续增加战场油污效果。新增一个填充图层，并且将固有色调整得非常暗，同时下降光滑度，变得粗糙而哑光，如图 7.118 所示。

为油污图层增加填充修改器，在填充修改器中选择带有一些随机方向的、具有拉丝效果的贴图作为遮罩，如图 7.119 所示。

回到材质通道观察盔甲上的表现效果，如图 7.120 所示。

通过增加色阶修改器来增强整个图层的对比强烈程度，这样就能控制油污的明显程度，如图 7.121 所示。

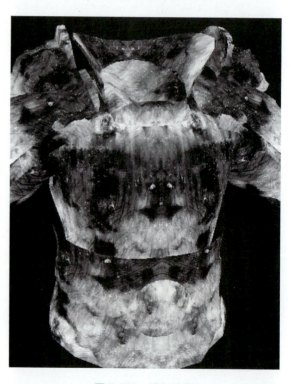

图 7.119　增加遮罩

图 7.120　修改效果

图 7.121　增加色阶修改器

色阶能够修改下方图层的暗部强度、中间调和亮部强度，这样能够显著增强效果，必要时可以打开黑白反向显示的按钮，如图 7.122 所示。

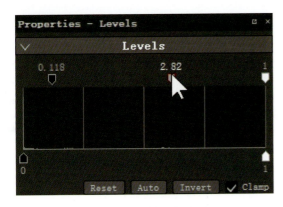

图 7.122　修改色阶

切换成 PBR 材质的效果，观察油污图层调整之后的情况，如图 7.123 所示。

将所有关于旧化的图层整理到一个文件夹中，并且

图 7.123　观察旧化油污效果

对文件夹进行命名，准备好进行重复使用，如图 7.124 所示。

图 7.124　整理旧化文件夹

将旧化文件夹复制粘贴到其他模型上，继续使用旧化效果，以节省制作时间成本，如图 7.125 所示。

图 7.125　复制到其他模型

一般情况下，只要 ID 区域的颜色是统一的，旧化粘贴上就没有什么太大问题，但是 AO 阴影产生的过渡旧化的错误区域，仍然需要用画笔进行手动的调整，因为每个模型的 UV 坐标是不一样的，绘制修改器并不能简单地进行复制，如图 7.126 所示。

图 7.126 检查旧化效果

在把模型导出时,不能全部附加在一起导出,因为贴图材质是由多个材质球组成的,一个模型只能附加一个材质球。

可以在 3ds Max 中给模型添加多维子材质。每个材质球命名好,就可以将导出的模型拆分成多个材质球供多套贴图使用了,如图 7.127 所示。

图 7.127 检查模型多维子材质

模型导入引擎之后,拆分开的材质球特点被保留了下来,如图 7.128 所示。

图 7.128 导入后的情况

通过材质球列表,可以发现材质球的命名正好对应 3ds Max 软件中的材质球命名,说明材质球都已导入模型中了,并且被导入引擎中,如图 7.129 所示。

图 7.129 材质列表

如果一个物体并没有被拆开,而是被赋予了多个材质球,那么在列表中依然可以有多个子集序列,如图 7.130 所示。

在 Substance Painter 导出制作好的材质,如图 7.131 所示。

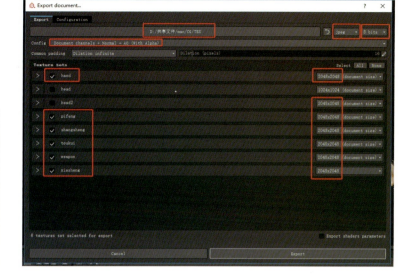

图 7.130 模型子物体列表　　　　图 7.131 导出贴图

检查导出后的贴图，如图 7.132 所示。

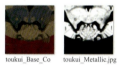

图 7.132 检查贴图

脸部正常效果如图 7.133 所示。这里需要修改皮肤材质的着色器。

图 7.133 脸部正常效果

将 4 张基础贴图导入材质球的对应的通道中，如图 7.134 所示。

图 7.134 脸部贴图材质赋予

皮肤材质着色器默认情况下是 Lambertian，需要将其修改为 Subsurface Scatter，如图 7.135 所示。

图 7.135 半透光着色器

修改之后，材质球选项中出现了很多关于散射的设置，如图7.136所示。

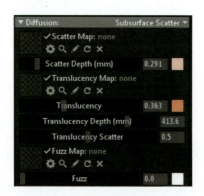

图7.136　设置参考

通过设置，皮肤的质感更加温和，如图7.137所示。

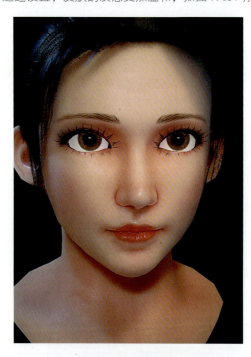

图7.137　脸部效果

修改前后的对比效果，如图7.138所示。

图7.138　对比效果

将导出的贴图与之前渲染的边线贴图放入Photoshop中，和原始固有色贴图（图7.139）进行叠加，效果如图7.140所示。

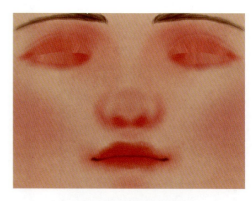

图7.139　原版固有色

图7.140　细化效果

为了让角色更加好看，可以在Photoshop中适当地为脸部化妆。例如在Photoshop中为脸部增加眼线和眼影效果。

还可以手动修改导出的粗糙度贴图，如图7.141所示。

图7.141　粗糙度效果

修改后的鼻头和嘴唇显得更加光滑、圆润，如图7.142所示。

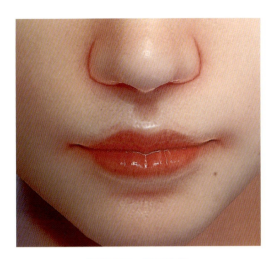

图 7.142 嘴唇效果

图 7.143 脸部效果

全部设置好之后,回到引擎中观察一下效果,如图 7.143 所示。

在 Marmoset Toolbag 3 引擎中对模型及贴图效果进行灯光设置,如图 7.144 所示。

图 7.144 引擎效果

为了让眼睛看起来更加有神，需要在3ds Max中为眼睛制作眼角膜模型。

为了凸显眼角膜的效果，可以在眼角膜的顶端制作一个乳突。这样在把眼角膜导入引擎中时，就可以为眼角膜添加一个玻璃材质了。在三维引擎中，可以将默认材质球中的玻璃材质直接添加到眼角膜上，如图7.145所示。

图7.145　玻璃案例

眼角膜上的玻璃反射的是天空的环境贴图，如图7.146所示。

图7.146　玻璃效果

将模型和材质贴图都导入进来后，单击左侧列表中的天空，设置一个需要的环境贴图，如图7.147所示。

图7.147　环境效果

设置好环境切除之后，可以为环境添加一下灯光。只需直接在天空贴图的任意位置单击鼠标左键，就可以创建一张附加在天空贴图上的灯光。

设置灯光参数，如图7.148所示。

图7.148　灯光参数

效果如图7.149所示。

图7.149　脸部效果

添加了主灯之后，还可以根据相同的方法来添加一个辅灯。这个辅灯通常跟主灯是完全背向的，如图7.150所示。

图7.150　环境光

单击列表中的"Render"渲染器进入渲染设置，如图 7.151 所示。

图 7.151　渲染设置

在浏览器设置选项中，激活全局光线追踪选项"Global Illumination"，就可以在曝光度和范围中进行控制了，如图 7.152 所示。

图 7.152　光线追踪

在激活了光线追踪选项后，模型的暗部产生了一些映射，如图 7.153 所示。

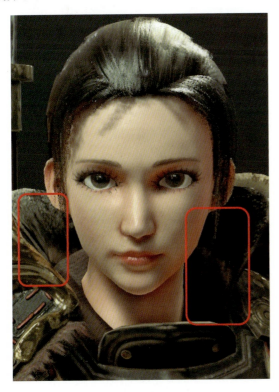

图 7.153　变化效果

同时，还可以设置闭塞阴影选项，数值大时，物体和物体之间就会产生闭塞阴影，这会让物体看起来更加立体，如图 7.154 所示。

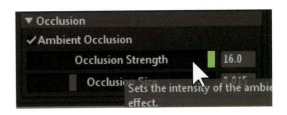

图 7.154　闭塞阴影效果

最后对摄像机进行设置，如图 7.155 所示。

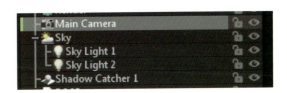

图 7.155　摄像机

单击摄像机，设置"Field of View"，可以将角度下降到 30°左右，这样拍摄出来的画面透视感不会太强，如图 7.156 所示。

图 7.156　摄像机参数（1）

还可以对景深进行设置，如图 7.157 所示。

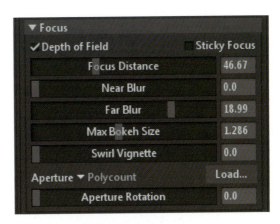

图 7.157　摄像机参数（2）

效果如图 7.158 所示。
对光晕进行设置，如图 7.159 所示。
效果如图 7.160 所示。
设置后期滤镜风格，如图 7.161 所示。

图 7.158 景深效果

图 7.159 光晕效果（1）

图 7.160 光晕效果（2）

效果如图 7.162 所示。

图 7.162 滤镜风格

设置滤镜参数，如图 7.163 所示。

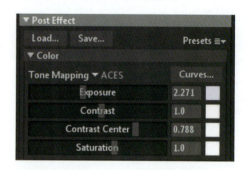

图 7.163 滤镜参数

效果如图 7.164 所示。

图 7.161 后期滤镜风格

图 7.164 滤镜效果

设置绿化、辉光、暗角及胶片颗粒等，如图7.165所示。

图7.165　后期滤镜参数

整体设置后的效果如图7.166所示。

图7.166　后期滤镜风格

创建一个独立的点光源，如图7.167所示。

图7.167　增加灯光

默认情况下，会在摄像机所在的位置创建一个射灯，如图7.168所示。

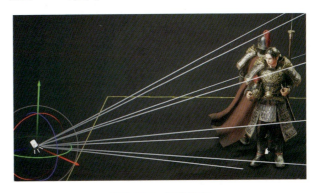

图7.168　灯光效果

在列表中选中这盏灯，将其从射灯改成泛光灯，如图7.169所示。

图7.169　灯光类型

将泛光灯移动到靠近女性角色脸部的位置，大概在头部的斜上方，如图7.170所示。

图7.170　灯光位置

调整泛光灯的曝光强度，使泛光灯的颜色接近于冷色调，同时，调整泛光灯的有效范围，如图7.171所示。

在增加了辅助灯光之后，皮肤色调看起来比之前舒服得多，如图7.172所示。

单击"Capture"，在"Settings"中对输出格式进行设置，如图7.173所示。

图 7.171　灯光参数

图 7.174　渲染设置

图 7.175　安全框

修改了画面比例为竖构图之后，在画面中呈现的安全框已经显示出了最终渲染出来的结果大小，也就是真正有效的范围，如图 7.176 所示。

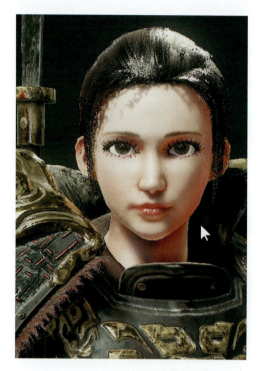

图 7.172　灯光效果

图 7.176　安全框效果

在画面中添加一个雾气系统，如图 7.177 所示。

整个角色的环境都受到了雾气的影响，如图 7.178 所示。

设置后的整体效果如图 7.179 所示。

图 7.173　渲染选项

调整画图的尺寸和采样率，如图 7.174 所示。

打开安全框，安全框会根据设置的画幅比例自动调整窗口的比例大小，如图 7.175 所示。

第7章 复合型材质实战

图 7.177 雾气系统

图 7.178 模型效果

图 7.179 整体观察

按快捷键 F11 来渲染当前的静态图片，如图 7.180 所示。

将采样率倍数改到 100 倍之后渲染出来的毛发效果如图 7.181 所示。

最终效果如图 7.182 和图 7.183 所示。

图 7.180　渲染效果

图 7.181　毛发细节

图 7.182　不同风格渲染效果（1）

图 7.183　不同风格渲染效果（2）